MON
HERBIER

PAR

E. CAMPAGNE

ROUEN

MÉGARD ET Cⁱᵉ, LIBRAIRES-ÉDITEURS

BIBLIOTHÈQUE MORALE

DE

LA JEUNESSE

—

3e SÉRIE IN-12.

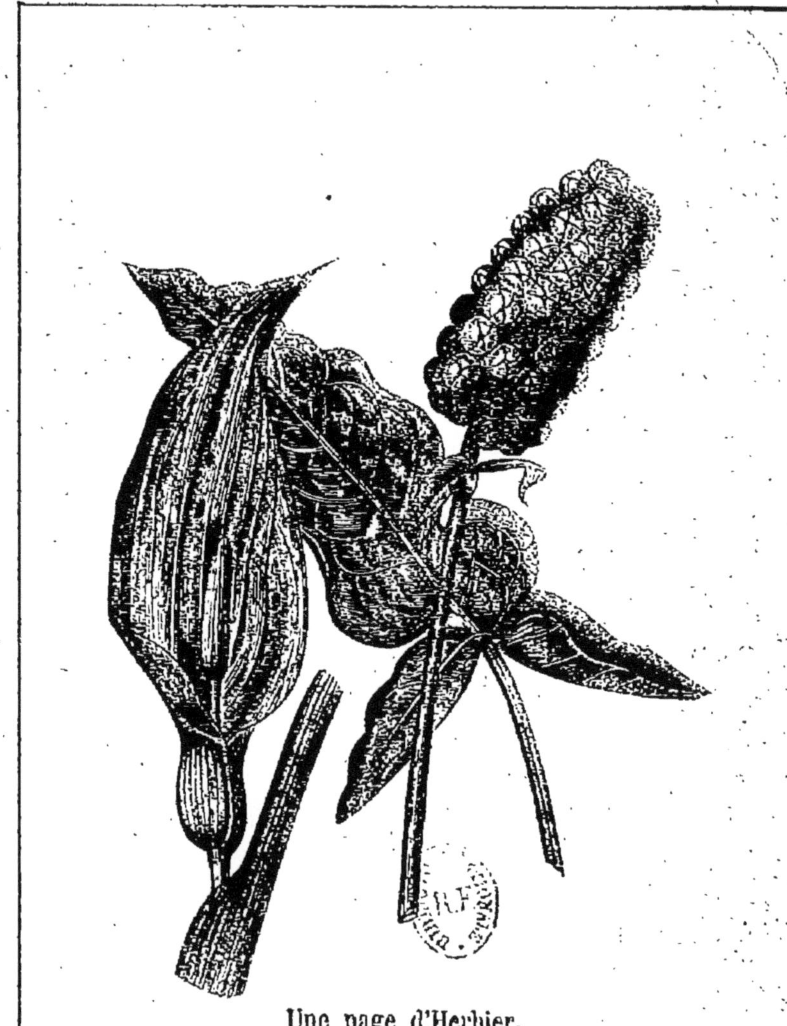

Une page d'Herbier.

MON
HERBIER

PAR

E. CAMPAGNE.

ROUEN

MÉGARD ET Cᵉ, LIBRAIRES-ÉDITEURS

1883

MON HERBIER.

I.

De l'Herbier.

On donne ce nom à toute collection de plantes entières ou de parties de plantes desséchées, que l'on conserve entre deux feuilles de papier ou autrement, pour être observées ou employées à un usage quelconque. L'examen ou le choix qu'on fait de ces plantes, dans la campagne, s'appelle *herborisation*. L'herboriste est le marchand qui en fait le commerce, c'est-à-dire qui les vend fraîches ou sèches pour l'usage de la cuisine ou de la médecine.

Des personnes manquant d'instruction donnent quelquefois le nom d'herboriste au botaniste. La distance entre ces deux hommes est pourtant immense : l'un et l'autre ont une destinée bien différente. Les plantes qui forment la collection du botaniste sont maintenues dans leur intégrité pendant une longue suite d'années : au bout d'un siècle, elles existent encore. Celles que réunit le pharmacien, quelques-unes exceptées, voient à peine deux ou trois printemps. Dans ce court espace, elles sont ou pilées dans un mortier, ou distillées dans un alambic, ou employées en infusion, décoction, ou consommées enfin de toute autre manière.

II.

Utilité d'un Herbier pour le Botaniste.

Quoique le goût des sciences naturelles, et de la botanique en particulier, ait fait, depuis cent ans, de grands progrès, cependant il y a encore beaucoup de gens qui ne savent pas ce que c'est qu'un *herbier*. En voyant un jeune homme trier et presser avec soin quelques plantes rapportées des champs, ils ne conçoivent pas l'importance qu'il attache à tout ce fatras d'herbes, et ils sont portés à regarder cette occupation comme un amusement d'enfant. D'autres, un peu plus éclairés, n'y voient qu'une

1.

provision de remèdes. Pour eux, le jeune amateur est une espèce d'herboriste qui ramasse des simples ; et par simples, ils entendent tout ce qui, dans les végétaux, n'étant pas digne de figurer sur les tables, est employé à guérir quelque maladie ; comme si la nature ne nous offrait en eux que des médicaments et des aliments.

Il est vrai qu'avec les productions végétales consacrées aux arts, c'est ce qu'on doit rechercher et estimer le plus dans les plantes. Mais le naturaliste, dont l'esprit s'élève à de hautes pensées, y voit encore beaucoup d'autres choses ; leurs formes gracieuses et élégantes, le dessin régulier qui existe dans la disposition de leurs parties respectives, la constance et la diversité étonnante des caractères que présentent leurs organes sexuels, la beauté, la vivacité, la variété presque infinie de couleurs dont les fleurs sont peintes, tous ces objets, et une foule d'autres plus merveilleux encore, captivent avec raison son attention, et n'ont pourtant aucun rapport à l'art du pharmacien ou du cuisinier, qui, bien loin de conserver et d'admirer, comme le botaniste, les productions de la nature, sont, au contraire, l'un et l'autre occupés, du matin au soir, à déchirer, à briser, à déformer entièrement son ouvrage.

On va me répondre que cette espèce de destruction est nécessaire, et que si l'on se contentait d'admirer les beautés des plantes sans y toucher, l'homme mourrait nécessairement de faim, et ne serait point soulagé lorsqu'il souffre. Qui ne sait tout cela? Est-ce une raison pour n'y chercher jamais que des aliments ou des remèdes nouveaux? Pour que l'homme vive et se maintienne en santé, faut-il donc qu'il ait recours à tous les végétaux qui couvrent la surface du globe? Est-il nécessaire qu'il recueille auprès de lui, ou qu'il fasse venir chaque jour, à grands frais, des quatre coins du monde, tout ce qui peut flatter sa sensualité ou diminuer ses craintes de la mort? Une vingtaine, une trentaine, une centaine, si l'on veut, de plantes choisies, indigènes ou naturalisées, ne peuvent-elles donc point, dans chaque pays, assurer sa nourriture, et ne sont-elles pas plus que suffisantes pour prévenir ou guérir ses maux? Est-il surtout raisonnable de croire que l'auteur bienfaisant de la nature ait placé les remèdes les plus utiles à l'homme à deux mille lieues de la contrée qui l'a vu naître? Un Péruvien ne rirait-il pas, si on lui disait qu'on ne peut se guérir en France de la fièvre qu'avec le secours de son quinquina? Ceux qui ont fait présent à l'Europe de cette écorce semblent avoir douté un moment de la Providence, en supposant qu'elle n'avait fait croître au milieu de nous aucune plante qui pût tenir lieu de ce fébrifuge.

Que les arts mettent à contribution le règne végétal tout entier, à la bonne heure; comme ils sont très multipliés, ainsi que les besoins auxquels ils pourvoient, on doit employer toutes les ressources que leur offre ce beau règne.

Pour le naturaliste, le nombre de plantes à observer et à recueillir ne saurait jamais être trop grand, parce qu'il y découvre tous les jours de nouvelles beautés, c'est-à-dire de nouveaux sujets d'admiration pour l'auteur de toutes choses; il voit sa main empreinte dans chaque fleur et dans chaque espèce nouvelle offerte à ses yeux. Certes, le sentiment de plaisir que produit en lui ce spectacle répété chaque jour, vaut bien, je crois, la possession d'un fruit des Indes, ou celle d'un remède amer à prendre, et dont l'effet est souvent douteux.

L'instruction que le botaniste retire de l'étude des plantes, et les jouissances de l'esprit que cette étude lui procure dans tous les moments de sa vie, doivent donc non-seulement le porter à s'entourer de toutes celles dont la connaissance lui est familière, mais même lui faire rechercher avec empressement les plantes étrangères qui lui sont inconnues. Mais comme il lui est impossible de parcourir toute la terre pour voir et observer celles-ci dans leur pays natal, et comme la plupart même des plantes qui croissent autour de lui ne vivent que pendant une trop courte saison, pour pouvoir posséder les unes et les autres, et les soumettre en tout temps à ses observations, il les rassemble dans un herbier.

Là, comme dans un jardin perpétuel, ces plantes de pays, de climats et de cités différents, sont rangées dans un ordre choisi, avec leur tige, leurs feuilles, leurs fleurs, souvent avec leurs racines et leurs fruits. Elles ne respirent plus ; mais l'art a prolongé leur existence, maintenu leurs formes et leur port, et conservé, dans quelques-unes, presque toute la vivacité des couleurs qui les ont embellies. Il a surtout pris soin de développer et de présenter, soit dans les parties de la fructification, soit dans toute autre, les caractères essentiels qui distinguent ces plantes entre elles, afin que, dans leur état de mort, on puisse les reconnaître aussi bien que si elles étaient encore pleines de vie. Cet art est peu de chose ; il ne s'apprend pas, mais il exige une suite de soins et beaucoup de petites précautions, minutieuses en apparence, mais indispensables. Nous en parlerons tout à l'heure.

Sans le secours d'un herbier, le botaniste le plus zélé ne parviendra jamais à acquérir une connaissance approfondie des plantes. Leur description dans les livres, écrite ou figurée, la fréquentation habituelle des lieux où elles croissent et des jardins où on les cultive, l'examen suivi des caractères qu'elles offrent à tous les âges de leur croissance, ou après leur entier développement, la dissection enfin de leurs parties dans le moment même le plus favorable pour les observer, ne peuvent suffire au botaniste pour graver dans sa mémoire les plantes nombreuses qu'il a vues et étudiées même avec soin dans le cours de ses promenades ou de ses voyages. Comment, à son retour, pourra-t-il, sans herbier, se rappeler leur port, les différences qui les caractérisent, et les remarques particulières qu'il a faites sur chacune? Comment surtout pourra-t-il comparer et établir quelque ordre entre elles, s'il ne les a pas réunies sous ses yeux?

Les jardins de botanique présentent, il est vrai, une grande ressource aux amateurs de cette science, pour l'étude des plantes ; mais elles s'y détériorent souvent, y périssent quelquefois, et demandent à y être sans cesse renouvelées. Au lieu que dans un herbier bien soigné, loin que les pertes viennent diminuer le nombre des plantes qui le composent, ce nombre est chaque jour augmenté par des acquisitions nouvelles. Un herbier enfin peut contenir à peu près toutes les espèces et variétés de plantes connues jusqu'à ce jour, tandis qu'on ne peut en cultiver qu'un nombre très-déterminé dans le plus vaste jardin de botanique, tel que celui de Paris. Les herbiers de cette capitale, réunis, contiennent, dit-on, plus de quarante mille espèces de végétaux.

On ne peut donc pas révoquer en doute l'utilité d'un herbier. A la vérité, comme l'observe Lamarck, les plantes s'y trouvent nécessairement dans un certain état d'imperfection ou d'altération ; leurs parties sont comprimées, aplaties ; les fleurs n'exhalent plus de parfum ; et leurs couleurs sont souvent disparues. Mais ces défauts sont bien compensés par la facilité qu'offre l'herbier de voir et d'examiner les plantes dans tous les temps, dans toutes les saisons ; de les avoir sous sa main et à sa disposition ; de pouvoir rapprocher toutes celles que l'on veut comparer ; en un mot, de pouvoir y essayer ou y établir l'ordre général, et les distributions particulières que l'on juge convenables. Les jardins et la campagne ne présentent pas les mêmes avantages ; on n'y peut voir qu'un certain nombre de plantes à la fois dans l'état propre à être observées, et ce nombre est peu considérable, à cause des différentes époques de leur développement et de leur floraison.

Les petits détails sur la manière la plus convenable de faire des herbiers, et les soins qu'exigent leur formation et leur conservation, se trouvent décrits, avec plus ou moins de précision et d'étendue, dans beaucoup de livres de botanique, dont les auteurs n'ont pu à cet égard que se répéter les uns les autres. Je crois faire plaisir aux amateurs des plantes, en leur présentant ici, dans un cadre étroit, ces détails extraits en partie de ces livres, quelquefois mot à mot, mais le plus souvent avec beaucoup de changements et d'additions.

III.

Formation de l'Herbier.

Pour la formation d'un herbier, les échantillons de plantes doivent être choisis avec goût, desséchés avec soin, et accompagnés d'étiquettes. Les espèces doivent être rangées dans l'herbier selon l'ordre que l'on a adopté, de manière qu'on puisse, à toute heure et dans un instant, trouver la plante qu'on désire observer.

IV.

Récolte des Plantes.

Le choix des plantes ou des parties de plantes destinées à former l'herbier exige la plus grande attention. Il n'est pas indifférent de prendre au hasard tel ou tel individu, tel ou tel échantillon qui s'offre à l'œil ou tombe le premier sous la main ; on doit donner la préférence à ceux qu'aucun accident n'a déformés, qui sont entiers dans leurs parties, et qui conservent le port et les caractères naturels de la plante ; par conséquent c'est sur des sujets adultes et qui ont acquis leur parfait développement, qu'il faut les choisir, au moment, si cela se peut, où la floraison est développée, et même assez avancée pour qu'il s'y trouve déjà quelques fruits.

On arrache la plante avec sa racine, quand elle peut être contenue tout entière dans l'herbier, ou même lorsqu'elle n'est qu'un peu plus haute, parce qu'on la courbera dans la dessiccation, de manière à la faire tenir dans une feuille de papier. Lorsqu'elle n'est qu'une fois plus grande que l'herbier, pour l'avoir tout entière, on la partage en deux portions qu'on dessèche ensemble, et qu'on place à côté l'une de l'autre ; mais si la plante, soit herbacée, soit ligneuse, est très grande, alors on coupe, de la longueur du papier, la sommité d'une branche garnie de rameaux, de feuilles, de fleurs et de fruits ; et si les fruits n'existent pas encore, on attendra qu'ils soient développés pour se procurer un nouvel échantillon.

Les feuilles de papier destinées pour herbier

doivent être d'une grandeur convenable, et n'avoir pas moins de quatorze à quinze pouces de hauteur, sur une largeur de neuf à dix pouces : on peut cependant former des herbiers de moindre grandeur, et même assez petits pour pouvoir être mis dans la poche, ou envoyés dans un paquet de lettres.

Autant qu'il est possible, on doit cueillir les plantes dans un temps sec, à l'ardeur du soleil, et lorsque cet astre, élevé sur l'horizon, a pompé toute la rosée ; leur dessiccation en sera plus facile et plus prompte. Celles qu'on a été obligé de cueillir à l'ombre ou dans un terrain humide et pluvieux, exigent, pour être parfaitement desséchées, plus de soins et de préparations.

Aussitôt que l'échantillon qu'on a choisi a été détaché de sa tige, il faut l'enfermer dans une boîte de fer-blanc faite exprès, dans laquelle il se maintiendra frais pendant vingt-quatre heures, et quelquefois plus longtemps. Cette boîte, un canif, une serpette et une loupe composent tous les ustensiles ou instruments dont le botaniste a besoin pour herboriser. Revenu de sa course, il doit, si le temps le lui permet, s'occuper sur-le-champ de la dessiccation, ou, s'il est forcé de la remettre au lendemain, il doit déposer dans un lieu frais la boite de fer-blanc qui contient la récolte, et avoir soin de la laisser entr'ouverte, après avoir aspergé légèrement ses plantes.

V.

Dessiccation des Plantes avec compression.

Les botanistes ont recours à différents procédés pour dessécher les plantes ; je me borne à faire connaître celui qui est le plus généralement adopté. On doit, avant tout, faire une ample provision de deux sortes de papiers : l'un gris, épais et peu collé, pour presser les plantes ; l'autre blanc ou gris, mais mieux collé : celui-ci est destiné à composer l'herbier. On doit aussi avoir quelques planches ou gros cartons, de deux lignes environ d'épaisseur et de la longueur du papier.

A mesure qu'on ôte ses plantes de la boîte qui les renferme, on les place séparément, l'une après l'autre, sur une table ; comme elles sont encore fraîches et dans un état propre à être examinées, c'est le moment d'observer celles qu'on ne connaît qu'imparfaitement ou point du tout, afin de pouvoir déterminer, d'après leurs caractères, le genre et l'espèce auxquels elles appartiennent; on attache ensuite à chaque plante une étiquette où se trouvent ses noms botanique et vulgaire, et qui indique en même temps le lieu où elle a été cueillie, ainsi que l'année et la saison.

Lorsque tout est ainsi disposé, on met sur une table ou sur l'une des planches dont j'ai parlé, trois feuilles de papier gris, renfermées l'une dans l'autre, et sur elles une autre feuille destinée à recevoir la plante qu'on se propose de dessécher. On ouvre avec la main gauche cette quatrième

2

feuille ; et sur sa demi-feuille inférieure, on étend avec précaution cette plante. On doit observer de ne point forcer son port ; pour cela, on écarte et l'on développe toutes ses parties ; on en retranche, s'il le faut, quelques-unes, afin qu'aucune ne se recouvre, mais de façon que ce retranchement puisse toujours être aperçu. On a soin surtout de ranger les parties de la fleur de manière que la fructification soit à découvert et reconnaissable après la dessiccation. Il serait avantageux de détacher alors une ou deux fleurs, de les ouvrir avec adresse, et de les mettre à part dans un morceau de papier blanc double, auquel on les fixerait avec des camions ou un peu de cire à cacheter.

Je m'étais formé ainsi un petit herbier, composé uniquement de genres, et dans lequel les signes caractéristiques de chacun d'eux étaient présentés avec netteté et précision. Cet herbier avait la grandeur d'une enveloppe de lettre ordinaire ; sa petitesse lui a été funeste ; mêlé par hasard avec d'autres papiers, il a été la proie des flammes ; il ne m'en reste que des fragments.

Si la plante ou l'échantillon de plante qu'on étend sur le papier, le dépasse en hauteur, on en coupe la tige ; et si cette plante a une racine, on place celle-ci à côté, ou sur d'autres papiers.

On aplatit avec le pouce les tiges herbacées qui sont trop grosses, et qui empêcheraient la compression d'agir sur les autres parties de la plante. Si les calices ont trop d'épaisseur, comme dans la famille des composées, on les coupe verticalement par le milieu, de manière qu'il y reste des fleurons et des semences. On peut aussi couper longitudinalement les tiges trop épaisses et trop dures, et même les fruits, parmi lesquels un grand nombre ne peuvent entrer dans l'herbier, lorsqu'ils ont acquis leur accroissement.

A mesure qu'on étend, l'une après l'autre, chaque partie de la plante, on la fixe provisoirement sur le papier, avec des pièces de monnaie d'un volume et d'un poids proportionnés à la délicatesse, à la raideur ou à l'étendue de ces parties ; et quand toutes sont ainsi maintenues à la place et dans l'éloignement respectif qui leur convient, on la recouvre avec la demi-feuille de papier qui était ouverte, en la laissant tomber, et en l'appliquant tout doucement de la main gauche sur chaque rameau, chaque fleur et chaque feuille, pendant qu'avec la droite on enlève adroitement, et une à une, les petites pièces de monnaie. De cette manière, les différentes parties du végétal se trouvent assujetties, sans avoir eu le temps de se replier, de se relever, ou de se déplacer.

On n'a pas besoin de dire qu'en disposant d'une plante pour être pressée, il faut bien se garder de donner à aucune de ses parties une situation contraire à celle qu'elles ont dans la nature, ce qui tromperait l'observateur. Par exemple, si les fleurs sont naturellement pendantes, on les présenterait mal, et on manquerait même de goût, en leur donnant une direction droite. On ne doit enfin, sous aucun prétexte, se permettre rien qui change ou altère le vrai port de chaque plante.

Lorsque la première plante qu'on vient d'étendre est recouverte, on met dessus trois feuilles de papier gris, sur lesquelles on dispose, dans une feuille particulière, une nouvelle plante avec les précautions indiquées ; quand celle-ci est disposée, on la recouvre à son tour, on en place une troisième, et successivement toutes celles qu'on a rapportées de l'herborisation.

Cette opération faite, on couvre la pile d'un carton fort, ou d'une planche que l'on charge de quelque corps pesant, ou bien on la place sur une presse dont on ménage la force à volonté. De ces deux manières de presser, la première paraît la plus avantageuse et la plus convenable, parce que, sous la presse ordinaire à vis, les parties du végétal se crispent, si elle n'est pas assez serrée, ou s'écrasent et sont mutilées, si elle l'est trop. Dans le cas où le tas du papier et le nombre de plantes paraîtraient trop considérables, il est à propos de les diviser en deux ou trois, ou du moins de placer dans le milieu un carton ou une planche qui arrête la communication de l'humidité, et qui fasse agir la pression également dans le centre du tas et aux extrémités.

Les plantes ne doivent rester en presse que douze ou quinze heures au plus ; ce temps passé, il faut les changer, c'est-à-dire qu'il faut substituer du papier sec au papier humide. Les uns se contentent de changer seulement les feuilles vides, et conservent celles dans lesquelles les plantes sont placées ; d'autres changent même ces dernières. On peut suivre indifféremment l'un ou l'autre procédé. Le second présente pourtant un inconvénient. Les sucs et l'humidité contenus dans les plantes, chassés au dehors par la compression, collent quelquefois ces plantes au papier, de manière qu'en voulant les détacher, on court risque d'endommager quelques-unes de leurs parties ; ce qui ne peut arriver quand on les laisse dans la même feuille jusqu'à leur entière dessiccation. Au reste, le moment où l'on change la première fois les plantes est celui où l'on achève de ranger les feuilles et les autres parties qui conservent encore de la flexibilité ; avec la tête d'une grosse épingle, on étend celles qui sont froissées ou repliées ; on sépare celles qui se recouvrent.

On doit opérer le changement du papier tous les jours, et même, dans les commencements, deux fois par jour ; à chaque changement, il ne faut jamais employer que des papiers bien desséchés ; si l'on en manque, avant de s'en servir, on fait dissiper toute leur humidité devant le feu ou dans le four. Pour hâter la dessiccation, on peut mettre la presse ou la pile de plante dans un lieu exposé au soleil ; on peut aussi, après deux ou trois jours de presse, étaler sur le parquet d'un appartement, ou sur des tables, les feuilles de papier simples, en les tenant ouvertes pendant quelques heures, afin que l'humidité des plantes s'évapore plus promptement ; mais il faut avoir soin que leurs parties ne se lèvent point et ne se crispent point, parce qu'il serait très difficile de les rétablir dans leur premier état.

On ne saurait assez recommander de ne pas entasser les plantes en trop grand nombre, soit dans le temps où l'on renouvelle les papiers, soit lorsqu'on ne les change plus. Si la pile est trop forte, il s'élève dans le centre une fermentation qui bientôt est suivie de corruption, de moisissure, et de la perte des plantes. Il convient donc, en renouvelant les papiers, de séparer en différents tas les plantes qui se dessèchent plus ou moins vite. Les mousses, les plantes graminées, les feuilles de plusieurs arbres, n'ont besoin d'être changées que deux ou trois fois ; mais les plantes grasses et aqueuses conservent longtemps leur humidité, et demandent plus de soins ; il faut écraser leurs tiges, et souvent, pour empêcher que les feuilles ne s'en détachent, on est obligé de précipiter la dessiccation, au moyen d'un fer chaud qu'on passe à différentes reprises sur les

papiers qui les recouvrent ; on les expose ensuite
quelque temps à l'air, après quoi on les replace
sous la presse, dans de nouvelles feuilles de
papier sec.

Lamarck propose un autre moyen pour dessécher assez promptement les plantes épaisses et
grasses, telles que les ficoïdes, certains géraniums.
« Ces plantes, dit-il, mises en presse n'étant qu'en
boutons de fleurs peu avancés, fleurissent pendant les diverses pressions qu'on leur donne ;
transpirant naturellement très peu, comparative-
ment aux autres, elles se conservent vivantes dans
la presse, et quelquefois y végètent d'une manière
sensible. La dessiccation ne faisant, dans ce cas,
que des progrès extrêmement lents, le seul
moyen convenable pour l'accélérer est de piquer
avec un stylet ou une aiguille les parties tendres
et succulentes de ces végétaux, leur suc propre
s'évaporant promptement par ces piqûres. On doit
alors tenir note, dans l'herbier, de l'origine des
points dont les parties piquées restent chargées. »

2.

Ce procédé, que nous n'avons jamais employé, est plus avantageux, selon ce botaniste, que l'emploi d'un fer chaud, ou que la chaleur du four, qui souvent crispe la plante.

Lorsque les plantes commencent à sécher, il n'est pas nécessaire de les tenir aussi fortement comprimées. Cependant quelques botanistes font tout le contraire ; dans les commencements, ils chargent fort peu leurs plantes, et ils en augmentent successivement la compression : l'une ou l'autre méthode peut être bonne. Le point essentiel est d'accélérer la dessiccation, n'importe par quels moyens, pourvu que ceux dont on fait choix ne déforment point les plantes et ne les décolorent pas trop ; car, quelque soin qu'on y donne, et de quelque manière qu'on s'y prenne, on ne parviendra jamais à conserver aux fleurs leurs véritables couleurs.

Si la dessiccation ne les en prive pas tout de suite, elles les prendront à la longue. L'air atmosphérique, chargé d'un acide-qui-blanchit tous les corps, à l'exception des corps jaunes, leur enlèvera insensiblement le principe colorant (si peu connu des chimistes) qui revêt leurs surfaces et fait leur plus grande beauté. La plupart des fleurs rouges, violettes, bleues, changent de couleur quelques mois après avoir été pressées ; les blanches ne laissent bientôt apercevoir que le parenchyme des pétales ; les fleurs jaunes sont les seules (un petit nombre d'autres exceptées) qui résistent constamment aux influences de l'acide répandu dans l'air ; elles conservent leur éclat très longtemps. Il y a des plantes qui noircissent toujours dans l'herbier. La plus grande partie des feuilles s'y maintiennent vertes ; mais leur verdure n'est pas tout à fait celle de la nature ; elle est souvent jaunâtre et inégale. Cependant beaucoup de feuilles, placées le soir, avec leur rameau, entre la lumière d'une bougie et l'observateur, offrent à l'œil un vert brillant et gai, qui plaît beaucoup ; quelquefois on croit voir le rameau sur sa tige.

L'indice le plus sûr du dessèchement complet d'une plante est sa rigidité, c'est-à-dire cet état de toutes ses parties qui les fait se soutenir d'elles-mêmes droites et fermes sur leur tige, quand on prend celle-ci à la main ; la cassure nette des feuilles n'annonce que leur dessèchement particulier ; longtemps après, dans beaucoup de plantes, les fleurs et les petits fruits gardent encore un reste d'humidité, qu'il faut leur enlever.

On retire les plantes desséchées du papier où elles ont subi la compression, et on les met dans une feuille de papier gris ou blanc, sur laquelle on les fixe avec une épingle, ou de toute autre manière, mais sans employer de colle ; la colle hâte la destruction de l'herbier, puisqu'elle attire les insectes ; et d'ailleurs elle prive celui qui en est possesseur du plaisir d'enlever à volonté l'échantillon pour l'observer, le déplacer ou le donner. Il n'y a qu'une seule circonstance où il faut absolument coller les plantes : c'est lorsque leurs feuilles sont sujettes à se détacher, comme dans les bruyères, les pins, les asperges.

On ne doit pas oublier d'attacher l'étiquette dont il a été parlé, au dedans et au bas de la feuille de papier qui renferme chaque plante. C'est la réunion de ces feuilles qui compose l'herbier. On les range par ordre, suivant la méthode botanique qu'on a adoptée, et on les place, soit dans des portefeuilles, soit dans des boîtes de carton ou de bois, soit simplement sur des tablettes et dans des cases entièrement ouvertes. Les herbiers les plus beaux et les plus complets du muséum d'histoire naturelle, tels que ceux de Jussieu, de Lamarck et de Desfontaines, sont disposés de cette dernière manière.

Cette disposition présente deux avantages. Elle met pour ainsi dire sous la main du botaniste ses chères plantes qui forment sa société de tous les jours, et qu'il a besoin à tout instant de voir, de revoir et de comparer sans cesse entre elles. Il ne perd pas son temps à les chercher dans un portefeuillé, ou à les ôter d'un carton; et l'on sait combien le temps est précieux pour un homme qui étudie la nature. L'autre avantage qui résulte de cet arrangement, c'est que les plantes, n'étant point enfermées, ne sont pas aussi sujettes à se noircir ou à se détériorer, et peuvent être visitées plus souvent et mieux soignées. Peut-être, il est vrai, sont-elles plus exposées aux insectes que dans des boîtes. Mais étant très souvent maniées, il n'est pas possible qu'ils y fassent de grands dégâts.

De quelque manière que l'herbier soit disposé, il doit être placé dans un lieu sec, aéré, et exposé, s'il se peut, au midi.

Des botanistes sévères ne veulent pas que les amateurs de plantes enrichissent leur herbier d'ornements. La nature, disent-ils, est assez riche de ses propres attraits. Oui, sans doute, rien n'est comparable à la beauté et à la magnificence de ses productions ; mais la plupart, quoique renou-velées sans cesse, ont une courte durée. Pourquoi nous serait-il défendu d'orner ce qui n'est plus ? On couvre les tombeaux de parfums et de fleurs. Un peu d'art mêlé à la nature ne saurait la gâter. Quoique les femmes soient son plus bel ouvrage, s'offrent-elles jamais à nos yeux sans parure ? et l'homme même ne se pare-t-il pas aussi pour leur plaire ? n'embellit-il pas sa demeure, n'orne-t-il pas ses jardins de vases, de bassins, de statues et de tous les chefs-d'œuvre des beaux-arts ? Si nous prenons soin de décorer les lieux où les plantes se montrent à nous dans toute la fraîcheur de la vie et de la jeunesse, pourquoi, lorsqu'elles ne sont plus que de froids squelettes, ne les entourerait-on pas de cadres, de guirlandes et d'autres ornements qui puissent tromper agréablement l'œil et rafraîchir l'imagination, souvent desséchée par l'étude de ces plantes mêmes, dans lesquelles le naturaliste s'attache trop, je crois, à ne voir que des genres et des espèces.

VI.

Dessiccation des Plantes sans compression.

Les plantes desséchées dans leur situation naturelle, sans être aplaties ni comprimées, sont communément celles dont les fleurs servent quelquefois d'ornement aux femmes, ou sur les tables, dans les desserts, ou dans les églises. Souvent, avant de les sécher, on change, avec des acides, leurs couleurs naturelles en des couleurs plus belles et variées; c'est ainsi qu'on revêt d'un bel incarnat ou d'un beau rouge cramoisi quelques espèces de *gnaphales* : on prendrait leurs fleurs ainsi préparées pour des fleurs artificielles. J'aime mieux la nature ; les fleurs auxquelles, sans autre moyen que la dessiccation, on peut conserver l'éclat et les couleurs qui leur sont propres, me semblent préférables à ces fleurs pour ainsi dire métisses, dont la soi-disant beauté n'est due entièrement ni à la nature ni à l'art.

C'est à Joseph de Monti, de l'Académie de Bologne, qu'on doit le procédé pour dessécher les plantes sans compression, de manière que toutes leurs formes et une partie de leur beauté soient conservées. Voici ce procédé :

On cueille la plante dans un temps sec, au moment où sa fleur est parfaitement épanouie. On a un bocal cylindrique, dont l'orifice est du même diamètre que le bocal entier. On place dans le fond un petit morceau de cire molle ; on fixe l'extrémité de la queue de la fleur, de manière qu'elle se soutienne perpendiculairement dans le bocal ; on y verse alors un sablon bien lavé, bien tamisé et bien sec ; on l'introduit doucement, et de sorte qu'il recouvre exactement toutes les parties de la plante, surtout les pétales des fleurs. On expose ensuite le bocal au soleil sans le couvrir. Au bout de quelque temps, la fleur est parfaitement desséchée, sans que ses couleurs soient altérées. On lui rend, si l'on veut, l'odeur qui lui est propre, avec des essences, ou au moyen d'une poudre odorante qu'on insinue jusqu'à l'insertion des pétales.

A défaut de bocal, on peut se servir d'une caisse de bois ou de fer-blanc étamé, d'une largeur médiocre, et égale dans toute sa hauteur. On met alors au fond, à la place de cire, trois ou quatre doigts de sable, dans lequel on enfonce le bout de la queue des fleurs, qu'on recouvre de la manière qui vient d'être dite. S'il ne fait point de soleil, on place cette caisse dans un lieu échauffé par un poêle, ou dans un four chaud d'environ 30° à 36° à l'échelle de Réaumur, et on l'y laisse de trois à six heures, jusqu'à ce que les fleurs soient bien séchées ; ce que l'on reconnaît par un échantillon qu'on met au haut de la caisse.

On peut, par un procédé à peu près semblable, et avec une très faible compression, sécher ensemble et grouper agréablement plusieurs fleurs sur un carton encadré, de manière qu'après leur dessiccation, elles présentent un bouquet, et forment une espèce de tableau ou bas-relief naturel. On les dispose avec goût sur le carton, en les aplatissant un peu ; on les couvre ensuite d'un papier, au moyen duquel on les comprime légère-ment avec la main, pour assujettir toutes leurs parties sans les toucher ; ce papier doit être plus grand que le cadre et le déborder ; on coule dessus tout doucement du sable très fin et très sec, jusqu'à la hauteur des bords du cadre. Si l'on juge à propos d'en mettre davantage, on entoure alors le cadre d'une petite caisse de verre ou de bois plus haute que lui, ayant d'ailleurs les mêmes dimensions, et ouverte par les deux bouts ; cette caisse contiendra le sable excédant. Le tout

est exposé au soleil. En peu de temps les plantes
se trouvent parfaitement desséchées. On retire le
sable, et on fixe le groupe de fleurs sur le carton
avec des camions ou de toute autre manière. Le
cadre doit être couvert d'un verre.

VII.

Représentations ou figures des Plantes, pour
suppléer à l'Herbier du Botaniste.

La formation d'un herbier demande beaucoup
de soin, de temps et de patience. Quoi qu'on
fasse, il ne sera jamais très considérable, et par
conséquent très instructif, s'il ne renferme que
les plantes du pays qu'on habite. Pour qu'il
réponde à l'objet qu'on se propose, il doit être,
non complet, cela est impossible, mais assez
riche, et contenir aussi les plantes exotiques les
plus connues. Mais on ne peut avoir celles-ci, si

on ne les achète toutes desséchées, ou si on ne va les chercher dans leur patrie. Or, il n'y a qu'un très petit nombre de botanistes et d'amateurs qui puissent se les procurer de cette manière. On est donc souvent obligé d'avoir recours aux représentations de plantes qu'offrent le dessin, la peinture ou la gravure.

Ces figures, quoique imparfaites à beaucoup d'égards, surtout par l'absence, dans plusieurs, des caractères essentiels des genres et des espèces, sont cependant très agréables à voir, et facilitent beaucoup l'étude de la science. Si celles qui sont peintes ou enluminées avaient les couleurs propres de chaque plante, elles seraient très précieuses, malgré leurs défauts. Mais il est rare que le peintre ou l'enlumineur attrape le vrai ton de la nature; aussi la planche coloriée la moins mal faite ne rappellera jamais aussi bien, aux yeux même d'un enfant, la plante dont il s'agit, que le plus mince échantillon de cette même plante qui aura été desséchée avec soin. Voilà pourquoi, sans doute, beaucoup de botanistes préfèrent les planches simplement gravées en manière noire. Au moins ici l'œil de l'observateur n'est pas trompé ; et si les figures de toutes ces plantes en deuil l'attristent un moment, l'imagination, qui prête toujours des charmes à la nature, vient bientôt le consoler, en revêtissant ces objets des couleurs qu'elle leur suppose.

Ainsi, l'utilité des dessins et figures, en histoire naturelle, ne peut être contestée ; mais ces figures seront d'un faible secours à ceux qui cultivent cette science, si chacune d'elles n'est pas accompagnée d'une description courte et précise de l'objet représenté, et ne s'y rapporte entièrement. Il est peu d'ouvrages de botanique ornés de gravures où cet accord du texte et de la figure soit aussi parfait que dans la *Flore atlantique* de Desfontaines. En comparant l'un avec l'autre, à chaque page, on croirait que ce savant a non-seulement dirigé, mais tenu la main du peintre ou le burin du graveur.

En général, il n'y a qu'un botaniste peintre, ou un peintre botaniste, qui puisse représenter fidèlement et agréablement les plantes sur le papier. Il doit s'attacher à dessiner chaque plante dans tous ses détails, depuis la racine jusqu'aux graines, et avec les caractères qui la distinguent des autres; il doit aussi présenter toutes ses parties dans la situation que leur a donnée la nature, ayant soin d'en réduire la grandeur naturelle à une échelle moyenne, et de grossir au microscope celles qui sont extrêmement petites.

Il y a, dans le commerce et dans les bibliothèques des savants de l'Europe, un très grand nombre de livres de botanique où les plantes sont figurées; ils sont ordinairement fort chers. On en trouve la collection à la Bibliothèque nationale de Paris et à celle du Muséum d'histoire naturelle de la même ville. Cette dernière possède le plus riche recueil qui existe de plantes de tous les pays, peintes sur vélin.

Parmi les voyageurs botanistes, il y en a

quelques-uns qui, ne sachant point manier le crayon, ont imaginé plusieurs moyens ingénieux pour avoir les figures des plantes qu'ils découvraient.

Il en existe un indiqué par Boyle pour prendre l'empreinte grossière de la figure des feuilles de toutes sortes de plantes. Pour cela, on noircit une feuille quelconque à la fumée d'une résine ou d'une chandelle; on la met ensuite à la presse entre deux papiers brouillards ou de Chine, ou, sans les comprimer ainsi, on se contente de frotter le papier supérieur avec le pouce ou avec un polissoir de verre. On a l'étendue exacte, la figure et la ramification des fibres de la feuille.

Quelques plantes, soumises à la presse pour être desséchées, laissent leur figure empreinte sur le papier. Cet effet est produit par une sorte de gomme-résine qui couvre leur surface ou par des molécules colorantes que leur humidité y dépose. L'art imite cette impression, en gommant les plantes aqueuses, en huilant celles qui ne prennent ni l'eau ni la gomme, et en répandant sur les unes et les autres de la couleur en poudre. Mises ensuite à la presse sur un papier blanc, auquel s'attache la couleur, ces plantes y tracent leur image avec leurs côtes nerveuses.

On prend aussi d'une autre manière, dit Bomare, la figure d'une plante, même sans l'aplatir : c'est en coulant dans son moule fait de plâtre, du métal fondu, comme étain, plomb. Ce procédé produit une plante métallique, qui représente assez bien la plante naturelle.

VIII.

Utilité & Formation de l'Herbier du Pharmacien.

Cet herbier doit réunir toutes les plantes à l'usage de la médecine, qu'on est obligé d'employer desséchées, à la place des mêmes plantes fraîches, que l'on ne peut avoir dans toutes les saisons. L'utilité d'un tel herbier est incontestable. Nous puisons dans les *Démonstrations élémentaires de botanique* les détails intéressants qui suivent sur la manière de le former et de le conserver.

IX.

Récolte du Pharmacien.

Les plantes médicinales qui croissent naturellement dans leur climat propre ont plus de
vertus que celles qui sont cultivées dans les jardins, ou que l'on fait pousser par art dans des
climats qui leur sont étrangers. Parmi l'étonnante
quantité de plantes que la nature nous offre, les
unes se plaisent dans les bois, d'autres dans les
plaines, d'autres sur les montagnes; celles-ci ne
se montrent que dans des lieux arides et pierreux;
celles-là recherchent les marais et les lieux aquatiques; d'autres croissent à la surface ou au fond

de l'eau. Il est essentiel de cueillir chacune d'elles dans le lieu qui lui est propre.

Le choix de la saison n'est pas moins important pour la récolte des plantes et des parties qui les composent. Il en est qui sont dans leur état de vigueur au printemps, d'autres en automne, d'autres en été ; quelques-unes demandent à être cueillies en hiver. Chaque partie de la plante a pareillement ses temps différents. Les racines peuvent être enlevées en toute saison, pourvu qu'elles soient charnues. Dans les plantes herbacées, il y a des racines qui deviennent ligneuses à mesure que leur tige monte ; elles perdent alors leurs vertus, et l'on doit les ramasser avant l'entier développement de la tige.

La plus grande vigueur des racines vivaces parait être quelques mois après la maturité de leurs graines, et celle des bisannuelles, après le développement des feuilles. De même, la plus grande force de la plante est pendant l'été ; elle pousse sa tige, développe ses fleurs, ses fruits,

ses semences ; l'automne survient bientôt ; la végétation cesse dans la tige ; les racines épuisées
sucent de nouveaux sucs, et ne sont plus con-
traintes d'en fournir aux feuilles et aux fruits,
qui, prêts à tomber, ne demandent plus aucune
nourriture. Toute la végétation se concentre donc
alors dans les racines. Elles se remplissent des
meilleurs sucs, bien différents de ceux dont elles
sont pourvues au printemps ; ceux-ci sont aqueux,
mal élaborés, se corrompent facilement ; et par
une suite nécessaire, les racines cueillies en ce
temps pourrissent avec grande facilité.

Quelques personnes rejettent indistinctement
toute racine rongée par les vers. On doit savoir
que les parties de plusieurs plantes ne sont pur-
gatives qu'à raison de la résine qui abonde dans
leurs tissus, et qu'il en est qui ne doivent leurs
effets et leurs vertus qu'à la résine. Si l'on y
laisse les parties ligneuses, ce n'est que par
l'impossibilité où l'on est de les séparer. Les
vers font ce travail ; ils rongent le bois, et ne

touchent point à la résine. Les racines résineuses piquées de vers n'ont donc rien perdu de leur qualité.

Les bois peuvent être ramassés en tout temps; il faut seulement observer de ne les tirer que des arbres qui ne sont ni trop jeunes ni trop vieux. Les écorces doivent toujours être prises sur les jeunes bois, et dans l'automne, à l'exception des écorces d'arbres résineux, qu'il faut recueillir avant que la sève soit en mouvement. Les vieilles écorces sont sans vertu; ce ne sont plus que des squelettes terreux privés de la végétation; leurs vaisseaux obstrués ne reçoivent plus les sucs nutritifs; c'est pourquoi plusieurs écorces se détachent et tombent d'elles-mêmes : l'orme, le cerisier, en fournissent des exemples.

Le temps de cueillir les feuilles est celui où le bouton des fleurs commence à se montrer. Celui de cueillir les fleurs, qu'on ne doit jamais séparer des calices, est marqué par le moment de leur épanouissement; leur vertu est alors plus considérable qu'avant cette époque. Les roses de Provins épanouies sont un purgatif; avant leur épanouissement, elles ne sont que styptiques. Il est des exceptions à cette règle. Les plantes aromatiques n'acquièrent leur efficacité qu'après la chute de la fleur, et lors de la parfaite maturité de la semence.

Le corps (ou l'amande) de la semence n'est pas odorant en lui-même; il n'est qu'émulsif; la partie odorante aromatique réside dans ses membranes intérieures, est logée dans une infinité de petites vésicules. La partie odorante des labiées est enfermée dans le calice et dans la partie intérieure de l'écorce; le pétale n'en a point, ou très peu. Si l'on sépare les pétales du romarin pour les faire sécher, on n'en obtiendra qu'une huile essentielle; l'esprit aromatique qui leur restera sera en petite quantité, et se dissipera très promptement. Il est donc essentiel, dans ces sortes de plantes, de cueillir les calices avec les pétales.

Quant aux liliacées, elles n'ont point de calice, ou plutôt de périanthe; toute leur odeur réside dans les pétales; et leurs parties aromatiques, fixées dans la poussière fécondante, sont si volatiles, qu'on ne peut les retenir, et qu'on ne les aperçoit qu'en certain temps. Ces plantes perdent bientôt leur odeur, et ne l'acquièrent qu'au temps de leur fécondité; avant l'épanouissement des pétales, elles n'en ont point; quand elles défleurissent, elles n'en ont plus. Il est donc inutile de travailler à dessécher les plantes liliacées; si l'on veut en tirer les parties actives, il faut les cueillir dans le moment de la fécondation; et l'on ne peut fixer leurs parties aromatiques qu'en les enchaînant dans les huiles essentielles.

Plusieurs plantes ont des fleurs très petites; on ne peut conserver leurs vertus sans prendre en même temps les feuilles et souvent les tiges; sinon, on donnerait lieu à une trop grande dissipation des parties actives. Les petites plantes s'emploient tout entières, et ne doivent être cueillies que lorsqu'elles sont en vigueur, c'est-à-dire lors de la fleuraison.

Il faut attendre la parfaite maturité des semences pour les ramasser; celles qui sont renfermées dans des fruits charnus en doivent être séparées; autrement elles se gâteraient; d'autres demandent à être conservées dans leurs capsules : telles sont la plupart des *aromatiques*.

Les fruits doivent être choisis mûrs ou non mûrs, selon leur destination; si l'on veut en tirer un acide, il faut prévenir la maturité; l'attendre, si l'on désire un fruit agréable et sain.

Les plantes que l'on se propose de dessécher doivent être déchargées de l'humidité qui n'entre point dans leur composition; on les cueillera après que le soleil l'aura totalement enlevée, sur le midi, dans un jour beau et serein; autrement, ces plantes se gâteraient et se corrompraient.

On doit avoir égard à l'âge des plantes. L'enfance, l'adolescence, la maturité, la vieillesse, sont pour elles des états très-différents : d'où résultent souvent des propriétés opposées. Les feuilles de mauve et de guimauve étant jeunes, sont d'excellents émollients et mucilagineuses; dans la vieillesse, elles deviennent astringentes, et donnent un acide remarquable par sa stypticité.

On pourrait citer plusieurs exemples de la diversité des vertus d'une même plante, considérée dans ses différents âges. Le raisin en fournit un des plus connus et des plus frappants. Après la fleur, le jeune raisin est acerbe, terreux, laissant dans la bouche une impression semblable à celle des astringents; il s'accroît et grossit; en même temps se développe en lui un acide dont l'activité augmente chaque jour; dès que le raisin tourne et commence à se colorer, il se mêle de la douceur à l'acidité; peu à peu le goût en devient agréable; enfin, son suc produit du vin. Si on le laisse plus longtemps sur le cep, le suc se corrompt ou se dissipe en partie par l'évaporation. On voit par là combien l'âge influe sur la nature des productions végétales.

X.

Dessiccation des Plantes pour l'Herbier du Pharmacien.

Plus les plantes sont promptement desséchées, mieux elles se conservent. En général, elles doivent sécher à l'air et au soleil, ou dans un grenier qui y soit exposé. Il faut, s'il se peut, qu'elles ne perdent ni leur couleur ni leur odeur.

Pour conserver aux plantes humides leurs vertus, on doit les dessécher avec toute la promptitude possible, ainsi que celles qui n'ont que peu de principes résineux, telles que la mélisse, la bourrache, la véronique. Dans une dessiccation lente, elles sont exposées à souffrir un degré de fermentation proportionné à la nature et à la quantité de sucs fermentescibles qu'elles contiennent. Les plantes qui ont ces principes moins abondants et moins de sucs aqueux, comme la sauge, le romarin, perdent moins en séchant lentement, et leur vertu diminue beaucoup lorsqu'on les expose au soleil ou dans une étuve pour les faire sécher rapidement.

Les plantes inodores demandent de la célérité et les mêmes précautions dans la dessiccation. On doit les exposer dans un lieu bien aéré ; autrement l'humidité qui doit s'en séparer ne s'évapore pas assez vite ; il s'y fait de nouvelles combinaisons ; la plante devient noire et pourrit.

Les plantes odorantes desséchées avec promptitude gardent leur couleur verte et durent longtemps. Il faut s'attacher surtout à conserver leurs parties odorantes ; c'est donc en elles que résident les propriétés de ces végétaux. Doit-on les dessécher à l'ombre, dans du papier, et dans un endroit exposé au vent du nord, ou faut-il, pour en obtenir la dessiccation, les exposer au soleil?

Les partisans de la première opinion prétendent que ce dernier procédé prive les plantes de leurs parties actives et odorantes, puisqu'il est établi par plusieurs analyses qu'un degré de feu très médiocre suffit pour les enlever. Les sectateurs du système opposé répondent que les plantes renfermées dans l'alambic sont soumises à une chaleur qui agit avec bien plus de force que le soleil auquel on les expose à l'air libre ; mais le premier sentiment paraît préférable à l'autre ; il est autorisé par une multitude de faits, auxquels il n'est pas possible de résister.

Il est des plantes aromatiques qui gardent leur odeur si opiniâtrément, comme l'absinthe, qu'on ne risque pas de les faire sécher à l'air libre ; mais il convient d'envelopper de papier celles dont l'odeur est volatile et faible. Quelques plantes doivent être desséchées avec les fleurs et les feuilles tout ensemble ; telles sont les menthes, les millepertuis, la germandrée. On doit envelopper leurs sommités dans des cornets de papier, en faire de petits paquets, les lier et les suspendre à l'air. Ces précautions conviennent à toutes les plantes dont les fleurs peuvent conserver leur couleur, comme la petite centaurée ; le rouge se change en jaune, s'il reste exposé à l'air. On peut garder ces herbes bien desséchées près de trois ans, sans qu'elles perdent leurs propriétés.

Le caille-lait à fleurs jaunes doit être exactement desséché en douze heures ; il abonde en miel ; si la dessiccation n'est pas prompte, le miel fermente et devient acide, tous les sucs en sont bientôt altérés ; c'est pour cette raison qu'il fait cailler le lait. Les fleurs de sureau sont à peu près dans le même cas ; il faut les faire sécher d'abord après la récolte, si on veut les avoir belles, et l'on ne doit pas attendre qu'elles quittent leurs pédoncules, cette chute ne pouvant être attribuée qu'à la fermentation qu'elles ont déjà éprouvée.

Lorsque les fleurs ont peu de consistance, comme dans la matricaire, le scordium, on les dessèche sans les séparer des tiges, et lentement, parce qu'elles ont peu d'eau. En général, les fleurs des plantes ligneuses, comme la mélisse, la bétoine, et toutes celles d'une consistance solide, peuvent être séparées des tiges.

Avant de faire sécher les plantes ou quelques-unes de leurs parties, on en sépare les herbes étrangères, et toutes les feuilles mortes ou fanées. On les expose à l'ardeur du soleil ou dans un endroit chaud; on a soin de les étendre sur des toiles garnies d'un châssis de bois, que l'on suspend pour donner à l'air une libre circulation. On les remue plusieurs fois le jour; on les laisse ainsi exposées jusqu'à une parfaite dessiccation, ayant soin qu'elles ne soient pas amoncelées les unes sur les autres : l'humidité s'arrête dans les endroits épais, elle altère les couleurs.

Les écorces et les bois veulent être desséchés

promptement, surtout quand ils sont humides ; mais ils n'exigent aucune préparation.

Les racines que l'on tient dans les caves y végètent, perdent leurs sucs, deviennent filamenteuses, et, au lieu de conserver ce qui en fait l'efficacité, elles se chargent d'une eau insipide qui n'a aucune vertu et qui souvent acquiert une mauvaise qualité. Elles doivent être desséchées après qu'on les a tirées de la terre dans leur vigueur. Si elles sont dures, petites, un peu aqueuses, on les enfile, et on les suspend dans un lieu bien aéré, après les avoir mondées, c'est-à-dire en avoir détaché tous les filaments, et les avoir essuyées avec un linge rude qui enlève l'épiderme et la terre qui peut y adhérer. On ne doit jamais les laver, ou du moins très légèrement ; l'eau qui sert à cet usage se charge des parties salines et extractives qu'il importe de conserver dans les racines. On a soin de fendre celles qui contiennent un cœur ligneux ; on coupe par tranches très minces celles qui sont charnues, comme les racines du nénuphar, après quoi on les enfile.

Quelques racines ne se dessèchent bien ni à l'air, ni au soleil ; on est obligé de les exposer à l'entrée du four pour les sécher tout à coup, et les mettre en poudre au besoin. Il est bon d'observer qu'on ne doit en agir ainsi que pour les racines destinées à être pulvérisées, et la chaleur d'un soleil ardent peut suffire à cet effet.

La plupart des racines, après la dessiccation, attirent puissamment l'humidité de l'air, se ramollissent, se moisissent et se gâtent au bout d'un certain temps à leur surface. Ainsi, il faut les tenir exactement renfermées dans un lieu sec à l'abri de l'air, surtout celles qui sont pulvérisées.

Les bulbes ou oignons, pour être exactement desséchés, doivent être effeuillés et exposés à la chaleur du bain-marie.

Les semences farineuses n'exigent qu'une exposition dans un endroit sec et médiocrement chaud ;

elles contiennent moins d'humidité que les autres parties des plantes. Les semences émulsives, celles qui sont renfermées dans les fruits charnus, telles que les semences froides de concombre, de melon, de courge, de citrouille, doivent être mondées de leur écorce, mais seulement à mesure qu'on s'en sert, afin que l'huile essentielle qu'elles contiennent n'acquière pas une mauvaise qualité. Les semences odorantes doivent être conduites à une parfaite dessiccation.

Les fruits veulent être desséchés promptement, d'abord au feu jusqu'à un certain point de dessiccation, ensuite au soleil. On doit donner à ceux que l'on soupçonne contenir des œufs d'insectes une chaleur de 40°, qui les fait périr. On enferme les fruits dans un lieu sec ; ils se conservent assez longtemps.

Il est enfin des plantes qui ne peuvent être desséchées, parce que leur vertu réside dans leur humidité. L'oseille est ce nombre, ainsi que le pourpier, la joubarbe, les sedums, les cucurbitacées, les cochléarias, et presque toutes les cruciformes, qui par la dessiccation perdraient leurs parties volatiles. On dessèche cependant la coloquinte, mais il faut y employer beaucoup de soin ; on la dépouille de son écorce, afin que l'air pénètre le parenchyme et prévienne la fermentation qui conduit à la putréfaction.

On ne doit point exposer aux injures de l'air les plantes desséchées ; la vicissitude de cet élément cause, selon Beker, la destruction des corps. Dans un temps humide, les plantes redeviennent humides, et ces altérations leur font perdre tous leurs principes actifs. Les plantes aromatiques sont celles qui exigent le plus d'attention ; on doit les enfermer soigneusement dans des boîtes vernies au dehors, pour empêcher que l'air ne pénètre dans l'intérieur. On peut encore les conserver dans des vaisseaux de verre ou de terre bien cuite et bien vernissée.

Avant d'enfermer les plantes pour les conserver, il convient de les remuer et de les secouer sur un tamis de crin, afin d'en séparer le sable, les œufs d'insectes, et les petits insectes vivants dont elles sont ordinairement remplies ; ils mangent et altèrent les plantes jusqu'à leur mort ; les œufs qu'ils laissent éclosent bientôt, et le mal se renouvelle.

Il est des plantes sèches qu'on ne peut garder que très-peu de temps, quelque soin qu'on y donne. Les unes ne durent que quelques mois ; il faut renouveler les autres tous les ans ; d'autres se maintiennent quelques années. Les fleurs de violettes, qu'il faut nécessairement tenir dans des vaisseaux de verre bien clos, n'ont, après un mois, qu'une odeur d'herbe ; la partie odorante est la seule qui donne la couleur ; elle s'évapore bientôt. On n'obvie à cet inconvénient qu'en réduisant le suc de violette à la consistance de sirop. Les fleurs de bourrache et de buglose desséchées n'ont plus de vertu. Celles de mauve et de bouillon-blanc doivent être gardées dans des vaisseaux de verre, parce qu'elles contiènnent

une matière mucilagineuse qui, comme l'hy-
dromel, attire l'humidité ; elles n'ont leur
vertu que pendant l'espace d'une année ; elles
la perdent ensuite, de même que les fleurs de
mélilot. La camomille peut être gardée plus
longtemps.

Les plantes aromatiques bien desséchées et
bien conditionnées durent plusieurs années. Le
thym, la marjolaine, l'hysope, conservent très
longtemps leur odeur ; mais la matricaire et
quelques autres, après une année, sont sans
force.

Les écorces et les bois restent bien plus longtemps doués de toutes leurs vertus. Les racines,
comme celles de gingembre, d'angélique, de
souchet, de calamus aromaticus, sont cinq ou six
années en vigueur. Celles dont la substance est
compacte ou résineuse, comme dans le jalap, le
turbith, durent plus que les ligneuses et les
fibreuses.

En général, il est très à propos de renouveler

le plus souvent qu'il est possible toutes les productions végétales desséchées ; elles s'affaiblissent
continuellement par l'évaporation ; l'humidité y
introduit la putréfaction ; plusieurs insectes les
attaquent et nuisent à leur efficacité.

XI.

Herborisation.

On donne ce nom aux courses ou promenades que l'on fait à la campagne pour observer et cueillir les plantes qui y viennent spontanément. Ces courses, très agréables, mais quelquefois pénibles, sont fort utiles au botaniste, parce qu'elles lui font voir les plantes dans le lieu même où la nature les a placées, avec leur véritable port et leurs caractères propres. Là, elles ne sont ni perfectionnées ni détériorées par la culture ; leurs formes et leurs beautés sont pures et simples. Dans les jardins, l'observateur trouve, il est vrai, dans les plantes qu'il y examine, leurs caractères essentiels, que les soins de l'homme n'ont pu changer; mais il ne peut se flatter de connaître parfaitement celles-ci, tant qu'il ne les a pas vues dans leur état sauvage et dans leur habitation naturelle.

Herboriser est un exercice aussi instructif qu'agréable, qui plaît à tout le monde, et qui transporte de joie le jeune amateur, parce qu'il lui donne ou lui promet mille jouissances. En effet, l'esprit et le corps retirent une foule d'avantages de cet exercice salutaire. Il dispose l'âme à la contemplation de la nature; il nous montre ses productions, non déformées et dans un cadre étroit, mais en grand, et telles qu'elles sont sorties de ses mains; il nous fait acquérir des idées justes de tous les objets qui s'offrent à nos observations. En même temps il habitue le corps à supporter, sans danger, les changements de température ; il donne de la vigueur, aiguise l'appétit, et procure un doux sommeil.

Quel festin peut être comparé au repas champêtre fait avec les compagnons de ses courses après une *herborisation*, surtout lorsque la moisson pour l'herbier a été abondante? Quelle joie éclate sur les fronts de tous les convives ! Avec quel abandon, avec quelle confiance ils s'entretiennent des objets naturels qui les ont rassemblés ! Pendant que la conversation s'anime et brille de traits intéressants, inspirés par l'aspect riant de la campagne, chacun ouvre le petit trésor qui renferme ses nouvelles richesses, et le montre à ses voisins. On développe, on admire, on compare entre eux les échantillons choisis, et il se fait des échanges qui tournent au profit de tout le monde. Après un tel repas et une journée passée si agréablement, il est impossible que, dans la nuit qui succède, on ne goûte pas le plus doux repos.

Si le plaisir que nous procure la recherche des

plantes indigènes au pays que nous habitons, est si pur et si bien senti, quel doit-il être, quand, transportés dans des contrées lointaines, nous y voyons la terre parée de végétaux nouveaux pour nous, et qui, par leurs formes, leur feuillage et leur verdure même, ne ressemblent en rien à ceux qui ont charmé nos yeux dans notre enfance ? A quel élan, à quels mouvements de joie ne doit pas se livrer alors le botaniste voyageur témoin de ces richesses, qu'il n'avait point encore connues ! Leur vue redouble son amour pour les plantes ; il cherche à observer de près toutes celles qui s'offrent à ses regards ; il brûle de les posséder ; il regrette de ne pouvoir pas les cueillir toutes dans un seul jour.

Mais si le temps lui manque, son courage y supplée. Rien ne l'arrête dans ses courses ; il se fraye des chemins partout, jusque dans les endroits même où l'on ne vit jamais, avant lui, de traces d'hommes ; et, au milieu des broussailles, des ronces et des précipices, il gravit les rochers, suit la pente rapide dés coteaux, escalade les monts les plus élevés, redescend dans les plaines, parcourt les bois, les bords des eaux, se plonge dans les fossés, dans les étangs, s'enfonce dans les sombres forêts, et, toujours animé d'une ardeur nouvelle, toujours pique par l'aiguillon de la curiosité, sans s'apercevoir qu'il est transpercé de sueur et couvert de poussière et d'eau, il pénètre dans les lieux les plus inhabités, les plus inaccessibles, pour trouver et pour ravir à la nature les trésors qu'elle y tient cachés.

On peut juger de cette ardeur incroyable qui anime tout investigateur de plantes, herborisant surtout en pays étranger, par celle que montrent autour de nous les jeunes gens qui commencent à étudier la botanique. Avec quel empressement, avec quel plaisir ne suivent-ils pas en été le démonstrateur, lorsqu'il les conduit dans les belles campagnes qui environnent Paris, et qu'il éclaire leurs pas dans la recherche des plantes, marchant au milieu d'eux comme un père entouré

de ses enfants ! Le jeune troupeau, emporté par
le désir du butin, s'écarte souvent à droite et à
gauche ; mais un coup de sifflet le rassemble
bientôt auprès du savant pasteur qui dirige sa
marche.

Une ardeur égale et plus vive encore porte nos
jeunes botanistes à fréquenter chaque jour, dans
la même saison, le Muséum d'histoire naturelle.
A peine la leçon du professeur est-elle terminée,
qu'ils volent en essaims nombreux dans le jardin,
pour y moissonner quelques fleurs, et pour
observer surtout celles dont ils viennent d'entendre
l'intéressante description. Dans ce lieu si beau, si
bien tenu, se trouvent réunis, en très grand
nombre, des végétaux de tous les pays et de tous les
climats. C'est un spectacle bien attrayant pour des
jeunes gens épris de l'amour des plantes. Chacune
d'elles leur présente à son tour ses belles formes
et ses beautés les plus secrètes. Chaque fleur, en
ouvrant sa corolle, semble les inviter à la
cueillir.

Comment, à cet âge, pouvoir résister à la tentation ? Il n'en est pas un qui ne sache que les objets naturels que renferme cette enceinte, étant à tout le monde, ne sont à personne ; qu'une fleur soumise à ses observations ne doit rester qu'un moment captive dans ses mains ; que tout autre a le même droit que lui à ses faveurs ; qu'enfin, on exerce dans ce jardin une surveillance nécessaire. N'importe ; le besoin d'observer, et de posséder l'objet, pour l'observer encore, est plus fort que tous les raisonnements et que toutes les défenses ; et comme ce besoin a sa source dans un violent désir de s'instruire, celui qui le satisfait ne croit pas commettre en cela la faute la plus légère. Il est en effet excusable ; ce sont de semblables fautes qui ont décelé de bonne heure et qui ont fait les plus grands botanistes!

Si l'administration du Muséum, jalouse avec raison de conserver à l'établissement qui lui est confié toute sa beauté, a quelquefois à se plaindre de petits dégâts (toujours involontaires) faits au jardin de l'école, elle a aussi de quoi s'en consoler dans le spectacle intéressant des jeunes botanistes qu'elle forme ; je dirai même qu'elle doit s'en enorgueillir, puisque ces dégâts, bientôt réparés, annoncent évidemment que les leçons de ses professeurs ont fait faire les plus grands progrès à la science.

Il y a une saison dans la vie où le désir de s'instruire est moins vif, et où les jouissances douces et modérées suffisent au cœur de l'homme. A cet âge, l'observation d'une fleur sur sa tige, son éclat et le parfum qu'elle exhale, sont tous les plaisirs qu'on y cherche.

Il est aussi des hommes d'une trempe particulière, qui, quoique pleins de savoir, aiment mieux admirer la nature que scruter de trop près ses ouvrages ; doués d'une imagination vive et d'une grande sensibilité, ils ne cherchent qu'à nourrir l'une et l'autre ; pour eux, les fleurs sont l'objet d'une espèce de culte : ils voudraient pouvoir les observer sans y toucher, sans du moins briser leurs formes ; et ce qu'ils y trouvent de plus attrayant et de plus beau, est précisément ce qui semble attirer à peine l'attention du froid naturaliste.

Rousseau était un de ces hommes. Qu'on me permette de citer de lui un trait peu connu, qui trouve ici naturellement sa place. On sait que sur la fin de sa carrière il avait pris beaucoup de goût pour la botanique. Il herborisait un jour aux environs de Paris avec un petit nombre de jeunes gens. On se trouvait dans un lieu qu'on soupçonnait devoir posséder une plante très rare. Chacun la cherchait avec ardeur, et l'illustre citoyen de Genève montrait à cet égard l'empressement et l'impatience d'un enfant. Dans la vue de lui complaire, un jeune homme devance furtivement la troupe, se flattant qu'il pourra peut-être découvrir le premier la plante si désirée. Il la trouve, l'arrache et la porte à Jean-Jacques, en lui criant de loin, d'un air triomphant : « La voilà ! la voilà ! » Le philosophe, en la voyant, froncé le sourcil, fait quatre pas en arrière, et dit au jeune homme avec humeur : « Eh ! monsieur, pourquoi l'avez-vous arrachée ? »

A ce trait, j'en opposerai un bien différent d'un naturaliste célèbre à qui la science qui nous occupe doit beaucoup.

Commerson avait été nommé par le gouvernement français pour accompagner Bougainville, en qualité de botaniste, dans son voyage autour du monde. Quelques jours avant son départ, il se promenait à Trianon. Richard, jardinier du roi, lui montre une plante étrangère fort belle, que le monarque possédait seul en France, et qui était unique dans ses jardins. Le jeune docteur l'admire, en convoite aussitôt la possession pour la placer dans son herbier, et, dès que Richard s'est éloigné, sans s'inquiéter de ce qu'il en arrivera, il la coupe impitoyablement et s'échappe aussitôt comme un coupable.

A peine est-il sorti du jardin, que Louis XV y entre, accompagné de quelques courtisans, et

dans l'intention de leur montrer cette même
plante qui venait de tomber entre les mains
d'un cruel ravisseur. Ne la voyant point à sa place
ordinaire, il appelle Richard, qui ne peut la
trouver ; le roi s'en étonne, et son jardinier lui
dit : « Sire, je l'ai vue tout à l'heure, et je l'ai
montrée à M. Commerson ; c'est, à n'en pas
douter, lui qui l'a enlevée. — Oh ! pour le coup,
dit en riant le roi à ceux qui l'entouraient, j'ai fait
un bon choix ; puisqu'il m'enlève mes plantes,
il nous en rapportera beaucoup de ses voyages. »

Que l'on compare ces deux traits : on verra
dans Commerson l'homme passionné pour la
science, et dans Rousseau l'amant de la nature,
qui craint de détruire son ouvrage.

XII.

Choses dont il faut se pourvoir, quand on va herboriser.

Quand on se dispose à faire une herborisation, on doit se munir de petits meubles qui ne sont ni nombreux ni embarrassants, mais indispensables. Il faut avoir :

1° Une Flore du pays où l'on herborise, s'il en existe, ou, à son défaut, un abrégé général des plantes connues, qui présente en très peu de mots les caractères essentiels des genres et des espèces, sans description et sans synonymie;

2° Une boîte de fer-blanc, s'ouvrant dans sa longueur par un couvercle à charnière, et propre à contenir un certain nombre de plantes, lesquelles s'y maintiennent fraîches pendant un jour ou deux : il y a de ces boîtes de toutes les formes et de toutes les grandeurs; c'est une affaire de goût;

3° Une bonne loupe à plusieurs lentilles de différents foyers, pour observer principalement les parties de la fructification des plantes;

4° Un stylet et une petite lame tranchante et aiguë comme celle d'un canif, pour faire la dissection des fleurs;

5° Un fort couteau ou une espèce de houlette ou de bêche étroite, pour enlever les racines qu'on voudra laisser aux plantes ou qu'on aura besoin d'examiner (comme celle des orchis) pour déterminer les espèces;

6° Une canne à laquelle on puisse adapter indifféremment, soit un crochet pour abaisser les branches d'arbres ou attirer à soi les plantes aquatiques, soit une serpette pour couper les rameaux fleuris ou chargés de fruits des arbres qu'on veut étudier ;

7° Un crayon ou une petite écritoire, avec un peu de papier blanc, pour noter sur-le-champ les observations qu'on aura faites ;

8° Outre les objets ci-dessus, on peut, si l'on veut, emporter avec soi une ou deux mains de papier gris, pour presser sur les lieux mêmes les plantes dont les fleurs, une fois cueillies, se referment presque aussitôt, ou dont les feuilles sont disposées à se plisser et à se chiffonner.

Soit qu'on herborise pour son amusement, pour son instruction ou pour enrichir son herbier, on est bien aise, au retour de l'herborisation, de faire connaissance avec les plantes qu'on a rapportées, et de savoir au moins les noms des genres auxquels chacune d'elles appartient. J'ai pensé que, sans avoir beaucoup d'instruction et sans adopter aucun système, on pourrait facilement les trouver au moyen de la méthode que nous exposerons au chapitre XIV; mais il nous faut précédemment étudier quelques familles de plantes.

XIII.

Description de quelques familles de Plantes.

Liliacées. — Crucifères. — Légumineuses. — Labiées — Ombellifères.

§ 1er. — LES LILIACÉES.

Une plante parfaite est composée de racine, de tige, de branches, de feuilles, de fleurs et de fruits (car on appelle fruit, en botanique, tant dans les herbes que dans les arbres, toute la fabrique de la semence). Vous connaissez déjà tout cela, du moins assez pour entendre le mot; mais il y a une partie principale qui demande un plus grand examen : c'est la *fructification*, c'est-à-dire la fleur et le fruit.

Commençons par la fleur, qui vient la première. C'est dans cette partie que la nature a renfermé le sommaire de son ouvrage; c'est par elle qu'elle le perpétue, et c'est aussi de toutes les parties du végétal la plus éclatante pour l'ordinaire, toujours la moins sujette aux variations.

Prenez un lis. Je pense que vous en trouverez encore aisément en pleine fleur. Avant qu'il s'ouvre, vous voyez à l'extrémité de la tige un bouton oblong, verdâtre, qui blanchit à mesure qu'il est prêt à s'épanouir; et, quand il est tout à fait ouvert, vous voyez son enveloppe blanche prendre la forme d'un vase divisé en plusieurs segments. Cette partie enveloppante et colorée qui est blanche dans le lis s'appelle la *corolle*, et non pas la fleur, comme chez le vulgaire, parce que la fleur est un composé de plusieurs parties dont la corolle est seulement la principale.

La corolle du lis n'est pas d'une seule pièce,

comme il est facile de le voir. Quand elle se fane et tombe, elle tombe en six pièces bien séparées, qui s'appellent des pétales. Ainsi la corolle du lis est composée de six pétales. Toute corolle de fleur qui est ainsi de plusieurs pièces s'appelle corolle polypétale. Si la corolle n'était que d'une seule pièce, comme dans le liseron, appelé clochette des champs, elle s'appellerait monopétale. Revenons à notre lis.

Dans la corolle vous trouverez, précisément au milieu, une espèce de petite colonne attachée tout au fond, et qui pointe directement vers le haut. Cette colonne, prise dans son entier, s'appelle le *pistil*; prise dans ses parties, elle se divise en trois : 1° sa base renflée en cylindre, avec trois angles arrondis tout autour : cette base s'appelle le *germe*; 2° un filet posé sur le germe : ce filet s'appelle *style*; 3° le style est couronné par une espèce de chapiteau, avec trois échancrures : ce chapiteau s'appelle le *stigmate*. Voilà en quoi consistent le pistil et ses trois parties.

Entre le pistil et la corolle vous trouvez six autres corps bien distincts, qui s'appellent les *étamines*. Chaque étamine est composée de deux parties, savoir : une plus mince, par laquelle l'étamine tient au fond de la corolle, et qui s'appelle le *filet;* une plus grosse, qui tient à l'extrémité supérieure du filet, et qui s'appelle *anthère.* Chaque anthère est une boîte qui s'ouvre quand elle est mûre, et verse une poussière jaune très odorante, dont nous parlerons dans la suite. Cette poussière jusqu'ici n'a point de nom français; chez les botanistes on l'appelle le *pollen*, mot qui signifie poussière.

Voilà l'analyse grossière des parties de la fleur. A mesure que la corolle se fane et tombe, le germe grossit et devient une capsule triangulaire allongée, dont l'intérieur contient des semences plates distribuées en trois loges. Cette capsule, considérée comme l'enveloppe des graines, prend le nom de *péricarpe.* Mais je n'entreprendrai pas ici l'analyse du fruit.

Les parties que je viens de vous nommer se trouvent également dans les fleurs de la plupart des autres plantes, mais à divers degrés de proportion, de situation et de nombre. C'est par l'analogie de ces parties, et par leurs diverses combinaisons, que se déterminent les diverses familles du règne végétal; et ces analogies des parties de la fleur se lient avec d'autres analogies des parties de la plante qui semblent n'avoir aucun rapport à celles-là. Par exemple, ce nombre de six étamines, quelquefois seulement trois, de six pétales ou divisions de la corolle, et cette forme triangulaire à trois loges de l'ovaire, déterminent toute la famille des liliacées; et dans toute cette même famille, qui est très-nombreuse, les racines sont toutes des ognons ou bulbes, plus ou moins marquées, et variées quant à leur figure ou composition. L'ognon du lis est composé d'écailles en recouvrement; dans l'asphodèle, c'est une liasse de navets allongés.

Le lis, que j'ai choisi à cause de la grandeur

de sa fleur et de ses parties, qui les rend plus sensibles, manque cependant d'une des parties constitutives d'une fleur parfaite : le calice. Le *calice* est cette partie verte et divisée communément en cinq folioles, qui soutient et embrasse par le bas la corolle, et qui l'enveloppe tout entière avant son épanouissement, comme vous aurez pu le remarquer dans la rose. Le calice, qui accompagne presque toutes les autres fleurs, manque à la plupart des liliacées, comme la tulipe, la jacinthe, le narcisse, la tubéreuse, et même l'ognon, le poireau, l'ail, qui sont aussi de véritables liliacées, quoiqu'elles paraissent fort différentes au premier coup d'œil.

Vous verrez encore que, dans toute cette même famille, les tiges sont simples et peu rameuses, les feuilles entières et jamais découpées : observations qui confirment, dans cette famille, l'analogie de la fleur et du fruit par celle des autres parties de la plante.

Si vous suivez ces détails avec quelque attention, et que vous vous les rendiez familiers par des observations fréquentes, vous serez déjà en état de déterminer par l'inspection attentive et suivie d'une plante, si elle est ou non de la famille des liliacées, et cela sans savoir le nom de cette plante. Vous voyez que ce n'est plus ici un simple travail de la mémoire, mais une étude d'observations et de faits, vraiment digne d'un naturaliste.

§ II. — LES CRUCIFÈRES.

Quand les premiers rayons du printemps auront éclairé vos progrès, en vous montrant dans les jardins les jacinthes, les tulipes, les narcisses, les jonquilles, les muguets, dont l'analyse vous est déjà connue, d'autres fleurs arrêteront bientôt vos regards, et vous demanderont un nouvel examen. Telles seront les giroflées ou violiers, les juliennes ou girardes. Tant que vous les trouverez doubles, ne vous attachez pas à leur examen;

elles seront défigurées, ou, si vous voulez, parées à notre mode; la nature ne s'y trouvera plus; elle refuse de se reproduire par des monstres ainsi mutilés; car, si la partie la plus brillante, la corolle, s'y multiplie, c'est aux dépens des parties plus essentielles qui disparaissent sous cet éclat.

Prenez donc une giroflée simple, et procédez à l'analyse de sa fleur. Vous y trouverez d'abord une partie extérieure qui manque dans les liliacées : le calice. Ce calice est de quatre pièces, qu'il faut bien appeler feuilles ou folioles, puisque nous n'avons point de mot propre pour les exprimer. Ces quatre pièces, pour l'ordinaire, sont inégales de deux en deux, c'est-à-dire deux folioles opposées l'une à l'autre, égales entre elles, plus petites; et les deux autres, aussi égales entre elles et opposées, plus grandes, et surtout par le bas, où leur arrondissement fait en dehors une bosse assez sensible.

Dans ce calice, vous trouverez une corolle

composée de quatre pétales, dont je laisse à part la couleur, parce qu'elle ne fait point caractère. Chacun de ces pétales est attaché au réceptacle au fond du calice par une partie étroite et pâle qu'on appelle l'*onglet*, et déborde le calice par une partie plus large et plus colorée, qu'on appelle la *lame*.

Au centre de la corolle est un pistil allongé, cylindrique ou à peu près, terminé par un stylet très court, lequel est terminé lui-même par un stigmate oblong, *bifide*, c'est-à-dire partagé en deux parties qui se réfléchissent de part et d'autre.

Si vous examinez avec soin la position respective du calice et de la corolle, vous verrez que chaque pétale, au lieu de correspondre exactement à chaque foliole du calice, est posé au contraire entre les deux, de sorte qu'il répond à l'ouverture qui les sépare, et cette position alternative a lieu dans toutes les espèces de fleurs qui ont un nombre égal de pétales à la corolle et de folioles au calice,

Il nous reste à parler des étamines. Vous les trouverez dans la giroflée au nombre de six, comme dans les liliacées, mais non pas de même égales entre elles, ou alternativement inégales ; car vous en verrez seulement deux en opposition l'une de l'autre, sensiblement plus courtes que les quatre autres qui les séparent, et qui en sont aussi séparées de deux en deux.

Je n'entrerai pas ici dans le détail de leur structure et de leur position ; mais je vous préviens que, si vous y regardez bien, vous trouverez la raison pour laquelle ces deux étamines sont plus courtes que les autres et deux folioles du calice sont plus bossues, ou, pour parler en termes de botanique, plus gibbeuses, et les deux autres plus aplaties.

Pour achever l'histoire de notre giroflée, il ne faut pas l'abandonner après avoir analysé sa fleur ; mais il faut attendre que la corolle se flétrisse et tombe, ce qu'elle fait assez promptement, et remarquer alors ce que devient le pistil, composé, comme nous l'avons dit, de l'ovaire ou péricarpe, du style et du stigmate. L'ovaire s'allonge beaucoup et s'élargit un peu, à mesure que le fruit mûrit. Quand il est mûr, cet ovaire ou fruit devient une espèce de gousse plate appelée *silique*.

Cette silique est composée de deux valvules posées l'une sur l'autre, et séparées par une cloison fort mince appelée *médiastin*.

Quand la semence est tout à fait mûre, les valvules s'ouvrent de bas en haut pour lui donner passage, et restent attachées au stigmate par leur partie supérieure.

Alors on voit des graines plates et circulaires posées sur les deux faces du médiastin; et si l'on regarde avec soin comment elles y tiennent, on trouve que c'est par un court pédicule qui attache chaque graine alternativement à droite et à gauche aux sutures du médiastin, c'est-à-dire à ses deux bords, par lesquels il était comme cousu avec les valvules avant leur séparation.

5

Je crains fort de vous avoir un peu fatigués par cette longue description ; mais elle était nécessaire pour vous donner le caractère essentiel de la nombreuse famille des *crucifères* ou fleurs en croix, qui compose une classe entière dans presque tous les systèmes des botanistes ; et cette description, difficile à entendre, vous deviendra plus claire, j'ose l'espérer, quand vous la suivrez avec quelque attention, ayant l'objet sous les yeux.

Le grand nombre d'espèces qui composent la famille des crucifères a déterminé les botanistes à la diviser en deux sections, qui, quant à la fleur, sont parfaitement semblables, mais diffèrent sensiblement quant au fruit.

La première section comprend les crucifères à *silique*, comme la giroflée dont je viens de parler, la julienne, le cresson de fontaine, les choux, les raves, les navets, la moutarde.

La seconde section comprend les crucifères à *silicule*, c'est-à-dire dont la silique en diminutif est extrêmement courte, presque aussi large que longue, et autrement divisée en dedans, comme le cresson alénois, dit *nasitor* ou *natou*, le thlaspi, appelé *taraspi* par les jardiniers, le cochléaria, la lunaire, qui, quoique la gousse en soit fort grande, n'est pourtant qu'une silicule, parce que sa longueur excède peu sa largeur. Si vous ne connaissez ni le cresson alénois, ni le cochléaria, ni le thlaspi, ni la lunaire, vous connaissez, du moins je le présume, la bourse-à-pasteur, si commune parmi les mauvaises herbes des jardins. Eh bien! la bourse-à-pasteur est une crucifère à silicule, dont la silicule est triangulaire. Sur celle-là vous pouvez vous former une idée des autres, jusqu'à ce qu'elles vous tombent sous la main.

§ III. — LES LÉGUMINEUSES.

Toutes les fleurs se divisent [généralement en régulières et irrégulières. Les premières sont

celles dont toutes les parties s'écartent uniformé-
ment du centre de la fleur, et aboutiraient ainsi
par leurs extrémités extérieures à la circonférence
d'un cercle. Cette uniformité fait qu'en présentant
à l'œil les fleurs de cette espèce, il n'y distingue
ni dessus ni dessous, ni droite ni gauche ; telles
sont les deux familles ci-devant examinées. Mais,
au premier coup d'œil, vous verrez qu'une fleur
de pois est irrégulière, qu'on y distingue aisément
dans la corolle la partie plus longue, qui doit être
en haut, de la plus courte, qui doit être en bas,
et qu'on connaît fort bien, en présentant la fleur
vis-à-vis de l'œil, si on la tient dans sa situation
naturelle ou si on la renverse. Ainsi, toutes les
fois qu'examinant une fleur irrégulière, on parle
du haut et du bas, c'est en la plaçant dans sa
situation naturelle.

Comme les fleurs de cette famille sont d'une
construction fort particulière, non-seulement il
faut avoir plusieurs fleurs de pois et les disséquer
successivement pour observer toutes leurs parties

l'une après l'autre, il faut même suivre le progrès de la fructification depuis la première floraison jusqu'à la maturité du fruit.

Vous trouverez d'abord un calice *monophylle*, c'est-à-dire d'une seule pièce terminée en cinq pointes bien distinctes, dont deux, un peu plus larges, sont en haut, et les trois plus étroites en bas. Ce calice est recourbé vers le bas, de même que le pédicule qui le soutient, lequel pédicule est très délié, très mobile ; en sorte que la fleur suit aisément le courant de l'air, et présente ordinairement son dos au vent et à la pluie.

Le calice examiné, on l'ôte, en le déchirant délicatement, de manière que le reste de la fleur demeure entier, et alors vous voyez clairement que la corolle est polypétale.

Sa première pièce est un grand et large pétale qui couvre les autres, et occupe la partie supérieure de la corolle ; à cause de quoi ce grand pétale a pris le nom de *pavillon*. On l'appelle aussi l'*étendard*. Il faudrait se boucher les yeux et l'esprit pour ne pas voir que ce pétale est là comme un parapluie pour garantir ceux qu'il couvre des principales injures de l'air.

En enlevant le pavillon comme vous avez fait pour le calice, vous remarquerez qu'il est emboîté de chaque côté par une petite oreillette dans les pièces latérales, de manière que sa situation ne puisse être dérangée par le vent.

Le pavillon ôté laisse à découvert ces deux pièces latérales auxquelles il était adhérent par ses oreillettes ; ces pièces latérales s'appellent les ailes. Vous trouverez, en les détachant, qu'emboîtées encore plus fortement avec celle qui reste, elles n'en peuvent être séparées sans quelque effort. Aussi les ailes ne sont guère moins utiles pour garantir les côtés de la fleur que le pavillon pour la couvrir.

Les ailes ôtées vous laissent voir la dernière pièce de la corolle ; pièce qui couvre et défend le centre de la fleur, et l'enveloppe, surtout par-dessous, aussi soigneusement que les trois autres pétales enveloppent le dessus et les côtés. Cette dernière pièce, qu'à cause de sa forme on appelle la *nacelle*, est comme le coffre-fort dans lequel la nature a mis son trésor à l'abri des atteintes de l'air et de l'eau.

Après avoir bien examiné ce pétale, tirez-le doucement par-dessous en le pinçant légèrement par la quille, c'est-à-dire par la prise mince qu'il vous présente, de peur d'enlever avec lui ce qu'il enveloppe. Je suis sûr qu'au moment où ce dernier pétale sera forcé de lâcher prise et de déceler le mystère qu'il cache, vous ne pourrez, en l'apercevant, vous abstenir de faire un cri de surprise et d'admiration.

Le jeune fruit qu'enveloppait la nacelle est construit de cette manière : une membrane cylindrique, terminée par dix filets bien distincts, entoure l'ovaire, c'est-à-dire l'embryon de la gousse. Ces dix filets sont autant d'étamines qui se réunissent par le bas autour du germe, et se terminent par le haut en autant d'anthères jaunes dont la poussière va féconder le stigmate qui termine le pistil, et qui, quoique jaune aussi par la poussière fécondante qui s'y attache, se distingue aisément des étamines par sa figure et par sa grosseur. Ainsi ces dix étamines forment encore autour de l'ovaire une dernière cuirasse pour le préserver des injures du dehors.

Si vous y regardez de bien près, vous trouverez que ces dix étamines ne font par leur base un seul corps qu'en apparence ; car, dans la partie supérieure de ce cylindre, il y a une pièce ou étamine qui d'abord paraît adhérente aux autres, mais qui, à mesure que la fleur se fane et que le fruit grossit, se détache et laisse une ouverture en dessus par laquelle ce fruit grossissant peut s'étendre en entr'ouvrant et écartant de plus en plus le cylindre qui, sans cela, le comprimant et l'étranglant tout autour, l'empêcherait de grossir et de profiter. Si la fleur n'est pas assez avancée, vous ne verrez pas cette étamine détachée du cylindre ; mais passez un camion dans deux petits trous que vous trouverez près du réceptacle à la base de cette étamine, et bientôt vous verrez l'étamine avec son anthère suivre l'épingle et se détacher des neuf autres, qui continueront toujours de faire ensemble un seul corps, jusqu'à ce qu'elles se flétrissent et dessèchent quand le germe fécondé devient gousse et qu'il n'a plus besoin d'elles.

Cette gousse, dans laquelle l'ovaire se change en mûrissant, se distingue de la silique des crucifères, en ce que dans la silique les graines sont attachées alternativement aux deux sutures, au lieu que dans la gousse elles ne sont attachées que d'un côté, c'est-à-dire à une seulement des deux sutures, tenant alternativement, à la vérité, aux deux valves qui la composent, mais toujours du même côté. Vous saisirez parfaitement cette différence, si vous ouvrez en même temps la gousse d'un pois et la silique d'une giroflée, ayant soin de ne les prendre ni l'une ni l'autre en parfaite maturité, afin qu'après l'ouverture du fruit les graines restent attachées par leurs ligaments à leurs sutures et à leurs valvules.

Si je me suis bien fait entendre, vous comprendrez quelles étonnantes précautions ont été accumulées par la nature pour amener l'embryon du pois à maturité, et le garantir surtout. au milieu des plus grandes pluies, de l'humidité qui lui est funeste, sans cependant l'enfermer dans une coque dure qui en eût fait une autre sorte de fruit.

Le suprême Ouvrier, attentif à la conservation de tous les êtres, a mis de grands soins à garantir la fructification des plantes des atteintes qui lui peuvent nuire; mais il parait avoir redoublé d'attention pour celles qui servent à la nourriture de l'homme et des animaux, comme la plupart des légumineuses. L'appareil de la fructification du pois est, en diverses proportions, le même dans toute cette famille. Les fleurs y portent le nom de *papilionacées*, parce qu'on a cru y voir quelque chose de semblable à la figure d'un papillon; elles ont généralement un pavillon, deux ailes, une nacelle, ce qui fait communément quatre pétales irréguliers. Mais il y a des genres où la nacelle se divise, dans sa longueur en deux pièces presque adhérentes par la quille, et ces fleurs-là ont réellement cinq pétales ; d'autres, comme le trèfle des prés, ont toutes leurs parties attachées en une seule pièce ; et, quoique papilionacées, ne laissent pas que d'être monopétales.

Les papilionacées ou légumineuses sont une des familles de plantes les plus nombreuses et les plus utiles. On y trouve les fèves, les genêts ; les luzernes, les sainfoins, les lentilles, les vesces, les haricots, dont le caractère est d'avoir la nacelle contournée en spirale, ce qu'on prendrait d'abord pour un accident ; on y compte aussi des arbres, entre autres celui qu'on appelle vulgairement *acacia*, et qui n'est pas le véritable acacia. L'indigo, la réglisse, en sont aussi.

§ IV. — LES LABIÉES.

Les fleurs que je vous ai décrites jusqu'à présent sont toutes polypétales. J'aurais dû commencer peut-être par les monopétales régulières, dont la structure est beaucoup plus simple. Cette grande simplicité même est ce qui m'en a empêché. Les monopétales régulières constituent moins une famille qu'une grande nation dans laquelle on compte plusieurs familles bien distinctes ; en sorte que, pour les comprendre toutes sous une dénomination commune, il faut employer des caractères si généraux et si vagues, que c'est paraître dire quelque chose en ne disant en réalité presque rien du tout. Il vaut mieux se renfermer dans des bornes plus étroites, mais qu'on puisse assigner avec plus de précision.

Parmi les fleurs monopétales irrégulières, il y a une famille dont la physionomie est si marquée, qu'on en distingue aisément les membres à leur air. C'est celle à laquelle on donne le nom de fleurs en gueule, parce que ces fleurs sont fendues en deux lèvres, dont l'ouverture, soit naturelle, soit produite par une légère compression des doigts, leur donne l'air d'une gueule béante. Cette famille se subdivise en deux sections ou lignées : celle des fleurs en lèvres, ou *labiées*, et celle des fleurs en masque, ou *personnées* ; car le mot latin *persona* signifie un masque, nom très convenable assurément à la plupart des gens qui portent parmi nous celui de *personnes*. Le caractère commun à toute la famille est non-seulement d'avoir la corolle monopétale et, comme je l'ai dit, fendue en deux lèvres, l'une supérieure, appelée *casque*, l'autre inférieure, appelée *barbe*, mais d'avoir quatre étamines presque sur un même rang, distinguées en deux paires, l'une plus longue et l'autre plus courte. L'inspection de l'objet vous expliquera mieux ces caractères que ne peut le faire le discours.

Prenons d'abord les *labiées*. Je vous donnerais bien pour exemple la sauge, qu'on trouve dans presque tous les jardins ; mais la construction particulière et bizarre de ses étamines, qui l'a fait retrancher par quelques botanistes du nombre des labiées, quoique la nature ait semblé l'y inscrire, me porte à en chercher un autre dans les orties mortes, et particulièrement dans l'espèce appelée vulgairement *ortie blanche*, mais que les botanistes appellent plutôt *lamier blanc*, parce qu'elle n'a nul rapport à l'ortie par sa fructification, quoiqu'elle en ait beaucoup par son feuillage.

L'ortie blanche, si commune partout, durant très longtemps en fleur, ne doit pas vous être difficile à trouver. Sans m'arrêter ici à l'élégante situation des fleurs, je me borne à leur structure. L'ortie blanche porte une fleur monopétale labiée, dont le casque est concave et recourbé en forme de voûte, pour recouvrir le reste de la fleur, et particulièrement ses étamines, qui se tiennent toutes quatre assez serrées sous l'abri de son toit. Vous discernerez aisément la paire plus longue et la paire plus courte, et, au milieu des quatre, le style de la même couleur, mais qui s'en distingue en ce qu'il est simplement fourchu par son extrémité, au lieu d'y porter une anthère comme font les étamines. La barbe, c'est-à-dire la lèvre inférieure, se replie et pend en bas, et, par cette situation, laisse voir presque jusqu'au fond le dedans de la corolle. Dans les *lamiers*, cette barbe est refondue en longueur dans son milieu ; mais cela n'arrive pas de même aux autres labiées.

Si vous arrachez la corolle, vous arracherez avec elle les étamines qui y tiennent par leurs filets, et non pas au réceptacle, où le style restera seul attaché. En examinant comment les étamines tiennent à d'autres fleurs, on les trouve généralement attachées à la corolle quand elle est monopétale, et au réceptacle ou au calice quand la corolle est polypétale ; en sorte qu'on peut, en ce dernier cas, arracher les pétales sans arracher les étamines. De cette observation l'on tire une règle belle, facile, et même assez sûre, pour savoir si une corolle est d'une seule pièce ou de plusieurs, lorsqu'il est difficile, comme cela arrive quelquefois, de s'en assurer immédiatement.

La corolle attachée reste percée à son fond, parce qu'elle était attachée au réceptacle ; laissant une ouverture circulaire par laquelle le pistil et ce qui l'entoure pénétraient au dedans du tube et de la corolle. Ce qui entoure ce pistil dans le lamier et dans toutes les labiées, ce sont quatre embryons qui deviennent quatre graines nues, c'est-à-dire sans aucune enveloppe ; en sorte que ces graines, quand elles sont mûres, se détachent et tombent à terre séparément. Voilà le caractère des labiées.

L'autre lignée ou section, qui est celle des per-sonnées, se distingue des labiées premièrement par sa corolle, dont les deux lèvres ne sont pas ordinairement ouvertes et béantes, mais fermées et jointes, comme vous pourrez le voir dans la fleur de jardin appelée *muflier* ou *mufle de veau*, ou bien, à son défaut, dans la linaire, cette fleur jaune à éperon si commune dans la campagne. Mais un caractère plus précis et plus sûr est qu'au lieu d'avoir quatre graines nues au fond du calice, comme les labiées, les personnées y ont toutes une capsule qui renferme les graines, et ne s'ouvre qu'à leur maturité pour les répandre. J'ajoute à ces caractères qu'un grand nombre de labiées sont des plantes odorantes et aromatiques, telles que l'origan, la marjolaine, le thym, le serpolet, le basilic, la menthe, l'hysope, la lavande.

§ V. — LES OMBELLIFÈRES.

Représentez-vous une longue tige assez droite, garnie alternativement de feuilles pour l'ordinaire découpées assez menu, lesquelles embrassent par leur base des branches qui sortent de leurs aisselles. De l'extrémité supérieure de cette tige partent, comme d'un centre, plusieurs pédicules ou rayons, qui, s'écartant circulairement et régulièrement comme les côtes d'un parasol, couronnent cette tige en forme d'un vase plus ou moins ouvert. Quelquefois ces rayons laissent un espace vide dans leur milieu, et représentent alors plus exactement le creux du vase ; quelquefois aussi ce milieu est fourni d'autres rayons plus courts, qui, montant moins obliquement, garnissent le vase et forment, conjointement avec les premiers, la figure à peu près d'un demi-globe, dont la partie convexe est tournée en dessus.

Chacun de ces rayons ou pédicules est terminé à son extrémité, non pas encore par une fleur, mais par un autre ordre de rayons plus petits qui couronnent chacun des premiers, précisément comme ces premiers couronnent la tige.

Ainsi, voilà deux ordres pareils et successifs : l'un, de grands rayons qui terminent la tige ; l'autre, de petits rayons semblables qui terminent chacun des grands.

Les rayons des petits parasols ne se subdivisent plus, mais chacun d'eux est le pédicule d'une petite fleur dont nous parlerons tout à l'heure.

Si vous pouvez vous former l'idée de la figure que je viens de vous décrire, vous aurez celle de la disposition des fleurs dans la famille des ombellifères ou *porte-parasols*, car le mot latin *umbella* signifie un parasol.

Quoique cette disposition régulière de la fructification soit frappante, et assez constante dans toutes les ombellifères, ce n'est pourtant pas elle qui constitue le caractère de la famille ; ce caractère se tire de la structure même de la fleur, qu'il faut maintenant vous décrire.

Mais il convient, pour plus de clarté, de vous donner ici une distinction générale sur la disposition relative de la fleur et du fruit dans toutes les plantes, distinction qui facilite extrêmement leur arrangement méthodique, quelque système qu'on veuille choisir pour cela.

Il y a des plantes — et c'est le plus grand nombre, par exemple l'œillet — dont l'ovaire est évidemment enfermé dans la corolle. Nous donnerons à celles-là le nom de *fleurs inféres*, parce que les pétales, embrassant l'ovaire, prennent naissance au-dessous de lui.

Dans d'autres plantes, en assez grand nombre,

l'ovaire se trouve placé, non dans les pétales, mais au-dessous d'eux : ce que vous pouvez voir dans la rose ; car ce qui en est le fruit est ce corps vert et renflé que vous voyez au-dessous du calice, par conséquent aussi au-dessous de la corolle, qui, de cette manière, couronne cet ovaire et ne l'enveloppe pas. J'appellerai celles-ci *fleurs supères*, parce que la corolle est au-dessus du fruit.

On pourrait faire des mots plus francisés ; mais il me paraît avantageux de vous tenir toujours le plus près possible des termes admis dans la botanique, afin que, sans avoir besoin d'apprendre le latin et le grec, vous puissiez néanmoins entendre passablement le vocabulaire de cette science, pédantesquement tirée de ces deux langues, comme si, pour connaître les plantes, il fallait commencer par être un savant grammairien.

Tournefort exprimait la même distinction en d'autres termes : dans le cas de la fleur *infère*, il disait que le pistil devenait fruit ; dans le cas de la fleur *supère*, il disait que le calice devenait fruit. Cette manière de s'exprimer pouvait être aussi claire, mais elle n'était certainement pas aussi juste. Quoi qu'il en soit, voici une occasion d'exercer, quand il en sera temps, vos jeunes intelligences à savoir démêler les mêmes idées, rendues par des termes tout différents.

Je vous dirai maintenant que les plantes ombellifères ont la fleur *supère*, ou posée sur le fruit. La corolle de cette fleur est à cinq pétales appelés réguliers, quoique souvent les deux pétales qui sont tournés en dehors dans les fleurs qui bordent l'ombelle, soient plus grands que les trois autres.

La figure de ces pétales varie selon les genres, mais le plus communément elle est en cœur, l'onglet qui porte sur l'ovaire est fort mince ; la lame va en s'élargissant ; son bord est *émarginé* (légèrement échancré), ou bien il se termine en une pointe qui, se repliant en dessus, donne encore au pétale l'air d'être émarginé : on le verrait pointu, s'il était déplié.

Entre chaque pétale est une étamine dont l'anthère, débordant ordinairement la corolle, rend les cinq étamines plus visibles que les cinq pétales. Je ne fais pas ici mention du calice, parce que les ombellifères n'en ont aucun bien distinct.

Du centre de la fleur partent deux styles garnis chacun de leur stigmate, et assez apparents aussi, lesquels, après la chute des pétales et des étamines, restent pour couronner le fruit.

La figure la plus commune de ce fruit est un ovale un peu allongé, qui, dans sa maturité, s'ouvre par la moitié, et se partage en deux semences nues attachées au pédicule ; lequel, par un art admirable, se divise en deux, ainsi que le fruit, et tient les graines séparément suspendues, jusqu'à leur chute.

Toutes ces proportions varient selon les genres, mais en voilà l'ordre le plus commun. Il faut, je l'avoue, avoir l'œil très attentif pour bien distinguer sans loupe de si petits objets ; mais ils sont si dignes d'attention, qu'on ne regrette pas sa peine.

Voici donc le caractère propre de la famille des ombellifères : corolle supère à cinq pétales, cinq étamines, deux styles portés sur un fruit nu *disperme*, c'est-à-dire composé de deux graines accolées.

Toutes les fois que vous trouverez ces caractères réunis dans une fructification, comptez que la plante est une ombellifère, quand même elle n'aurait d'ailleurs, dans son arrangement, rien de l'ordre ci-devant marqué. Et quand vous trouveriez tout cet ordre de parasols conforme à ma description, comptez qu'il vous trompe, s'il est démenti par l'examen de la fleur.

XIV.

Méthode d'Herborisation.

On prétend que la botanique n'est qu'une science de mots, qui n'exerce que la mémoire et n'apprend qu'à nommer des plantes. Pour moi, je ne connais point d'étude raisonnable qui ne soit qu'une science de mots. Auquel des deux, je vous prie, accorderai-je le nom de botaniste, de celui qui sait donner un nom ou une phrase à l'aspect d'une plante, sans rien connaitre à sa structure, ou de celui qui, connaissant très bien cette structure, ignore néanmoins le nom très arbitraire qu'on donne à cette plante en tel ou tel pays ? Si nous ne donnons à nos enfants qu'une occupation amusante, nous manquons la meilleure moitié de notre but, qui est, en les amusant, d'exercer leur intelligence et de les accoutumer à l'attention. Avant de leur apprendre à nommer ce qu'ils voient, commençons par leur apprendre à le voir.

Première opération.

Rassemblez toutes les plantes qui ont le même nombre et la même disposition d'étamines, et faites-en autant de lots différents. Chaque lot formera une *classe*.

Deuxième opération.

Réunissez également en plusieurs lots les plantes de chaque classe qui ont le même nombre et la même disposition de pistils, et vous aurez dans chacun de ces seconds lots ce que les méthodistes appellent un *ordre*.

Troisième opération.

Cherchez dans chaque ordre les plantes qui ont la même corolle, monopétale ou polypétale, régulière ou irrégulière, ou qui en sont privées, et formez-en autant de troisièmes lots sectionnaires des seconds.

Quatrième opération.

Dans chaque troisième lot, examinez le calice de chacune des plantes qui le composent, et mettez ensemble toutes celles qui n'en ont point ou qui en ont un semblable, monophylle ou polyphylle, entier ou découpé. Ces nouveaux groupes formeront des quatrièmes lots sectionnaires des troisièmes.

Si, après ces quatre opérations, vous n'êtes pas parvenu à déterminer les genres de vos plantes, poursuivez vos recherches et vos divisions.

Cinquième opération.

Composez vos cinquièmes lots des plantes quatrièmes dans lesquelles la forme et l'insertion de l'ovaire, du style et du stigmate, sont les mêmes, soit que ces plantes aient toutes ces parties, soit qu'il leur en manque quelqu'une.

Sixième opération.

Formez pareillement vos sixièmes lots des plantes des cinquièmes qui ont une parfaite ressemblance dans le filet et dans l'anthère, soit qu'elles aient ou qu'elles n'aient pas ces deux parties, ou qu'elles soient simplement pourvues de la dernière.

Septième opération.

Pour disposer vos septièmes lots, réunissez les plantes des sixièmes qui ont un même péricarpe.

Huitième opération.

Enfin, des septièmes lots vous formerez les huitièmes et derniers, en en séparant les plantes qui ont des semences semblables.

Ainsi, de division en division, vous arriverez, après huit analyses ou examens fort simples, à la partie de la fructification la plus constante, savoir la semence, qui, réunie aux autres parties de la fructification, doit avec elles constituer le genre.

Si vous avez divisé et distribué vos lots avec ordre et précision, vous devez avoir à la fin autant de lots que de genres.

Il arrivera souvent que vous serez parvenu à

déterminer les genres sans recourir aux dernières analyses ; alors, si vous comparez entre elles les espèces d'un même genre, vous trouverez que les parties de leur fructification que vous n'avez point analysées, sont semblables. S'il en était autrement, ces espèces formeraient plus d'un genre, et le genre déterminé serait mauvais.

XV.

Lettre de J.-J. Rousseau sur les Hérbiers.

(*Œuvres*, Paris, 1827, tome XI, pag. 65 et suiv.)

Pour bien reconnaître une plante, il faut commencer par la voir sur pied. Les herbiers servent
de mémoratif pour celles qu'on a déjà connues,
mais ils font mal connaître celles qu'on n'a pas
vues auparavant. Il s'agit donc ici d'apprendre à
préparer, dessécher et conserver les plantes, ou
échantillons de plantes, de manière à les rendre
faciles à reconnaître et à déterminer; c'est,

en un mot, un herbier que je vous propose de commencer.

Il y a d'abord une provision à faire, savoir, cinq ou six mains de papier gris, et à peu près autant de papier blanc, de même grandeur, assez fort et bien collé, sans quoi les plantes se pourriraient dans le papier gris, ou du moins les fleurs y perdraient leur couleur ; ce qui est une des parties qui les rendent reconnaissables, et par lesquelles un herbier est agréable à voir. Il serait encore à désirer que vous eussiez une presse de la grandeur de votre papier, ou du moins deux bouts de planches bien unies, de manière qu'en plaçant vos feuilles entre deux, vous les y puissiez tenir pressées par les pierres ou autres corps pesants dont vous chargerez la planche supérieure. Ces préparatifs faits, voici ce qu'il faut observer pour préparer vos plantes de manière à les conserver et les reconnaître.

Le moment à choisir pour cela est celui où la plante est en pleine fleur, et où même quelques fleurs commencent à tomber pour faire place au fruit qui commence à paraître. C'est dans ce point où toutes les parties de la fructification sont sensibles, qu'il faut tâcher de prendre la plante pour la dessécher dans cet état.

Les petites plantes se prennent tout entières avec leurs racines, qu'on a soin de bien nettoyer avec une brosse, afin qu'il n'y reste point de terre. Si la terre est mouillée, on la laisse sécher pour la brosser, ou bien on lave la racine ; mais il faut avoir alors la plus grande attention de la bien essuyer et dessécher avant de la mettre entre les papiers, sans quoi elle s'y pourrirait infailliblement, et communiquerait sa pourriture aux autres plantes voisines. Il ne faut cependant s'obstiner à conserver les racines qu'autant qu'elles ont quelques singularités remarquables ; car, dans le plus grand nombre, les racines ramifiées et fibreuses ont des formes si semblables, que ce n'est pas la peine de les conserver. La nature, qui a tant fait pour l'élégance et l'ornement dans la figure et la couleur des plantes en ce qui frappe les yeux, a destiné les racines uniquement aux fonctions utiles, puisqu'étant cachées dans la terre, leur donner une structure agréable eût été cacher la lumière sous le boisseau.

Les arbres et toutes les grandes plantes ne se prennent que par échantillon ; mais il faut que cet échantillon soit si bien choisi, qu'il contienne toutes les parties constitutives du genre et de l'espèce, afin qu'il puisse suffire pour reconnaître et déterminer la plante qui l'a fourni. Il ne suffit pas que toutes les parties de la fructification y soient sensibles, ce qui ne servirait qu'à distinguer le genre ; il faut qu'on y voie bien le caractère de la foliation et de la ramification, c'est-à-dire la naissance et la forme des feuilles et des branches, et même, autant qu'il se peut, quelque portion de la tige ; car, comme vous verrez dans la suite, tout cela sert à distinguer les espèces différentes des mêmes genres qui sont parfaitement sem- blables par la fleur et le fruit. Si les branches sont

6.

trop épaisses, on les amincit avec un couteau ou canif, en diminuant adroitement par-dessous de leur épaisseur, autant que cela se peut, sans couper et mutiler les feuilles. Il y a des botanistes qui ont la patience de fendre l'écorce de la branche et d'en tirer adroitement le bois, de façon que l'écorce rejointe paraît vous montrer encore la branche entière, quoique le bois n'y soit plus : au moyen de quoi l'on n'a point entre les papiers des épaisseurs et bosses trop considérables, qui gâtent, défigurent l'herbier, et font prendre une mauvaise forme aux plantes.

Dans les plantes où les fleurs et les feuilles ne viennent pas en même temps, ou naissent trop loin les unes des autres, on prend une petite branche à fleurs et une petite branche à feuilles ; et, les plaçant ensemble dans le même papier, on offre ainsi à l'œil les diverses parties de la même plante, suffisantes pour la faire reconnaître. Quant aux plantes où l'on ne trouve que des feuilles, et dont la fleur n'est pas encore venue ou est déjà passée, il les faut laisser, et attendre, pour les reconnaître, qu'elles montrent leur visage. Une plante n'est pas plus sûrement reconnaissable à son feuillage qu'un homme à son habit.

Tel est le choix qu'il faut mettre dans ce qu'on cueille ; il en faut mettre aussi dans le moment qu'on prend pour cela. Les plantes cueillies le matin à la rosée, ou le soir à l'humidité, ou le jour durant la pluie, ne se conservent point. Il faut absolument choisir un temps sec, et même, dans ce temps-là, le moment le plus sec et le plus chaud de la journée, qui est en été entre onze heures du matin et cinq ou six heures du soir. Encore alors, si l'on y trouve la moindre humidité, faut-il les laisser, car infailliblement elles ne se conserveront pas.

Quand vous avez cueilli vos échantillons, vous les apportez au logis, toujours bien au sec, pour les placer et arranger dans vos papiers. Pour cela, vous faites votre premier gris, sur lequel vous placez une feuille de papier blanc, et sur cette feuille vous arrangez votre plante, prenant grand soin que toutes ses parties, surtout les feuilles et les fleurs, soient bien ouvertes et bien étendues dans leur situation naturelle. La plante un peu flétrie, mais sans l'être trop, se prête mieux pour l'ordinaire à l'arrangement qu'on lui donne sur le papier avec le pouce et les doigts. Mais il y en a de rebelles qui se grippent d'un côté, pendant qu'on les arrange de l'autre. Pour prévenir cet inconvénient, j'ai des plombs, des gros sous, des liards, avec lesquels j'assujettis les parties que je viens d'arranger, tandis que j'arrange les autres, de façon que, quand j'ai fini, ma plante se trouve presque toute couverte de ces pièces qui la tiennent en état.

Après cela, on pose une seconde feuille blanche sur la première, et on la presse avec la main, afin de tenir la plante assujettie dans la situation qu'on lui a donnée, avançant ainsi la main gauche qui presse à mesure qu'on retire avec la droite les plombs et les gros sous qui sont entre les papiers ; on met ensuite deux autres feuilles de papier gris sur la seconde feuille blanche, sans cesser un seul moment de tenir la plante assujettie, de peur qu'elle ne perde la situation qu'on lui a donnée. Sur ce papier gris on met une autre feuille blanche ; sur cette feuille une plante qu'on arrange et recouvre comme ci-devant, jusqu'à ce qu'on ait placé toute la moisson qu'on a apportée, et qui ne doit pas être nombreuse pour chaque fois, tant pour éviter la longueur du travail que de peur que, durant la dessiccation des plantes, le papier ne contracte quelque humidité par leur grand nombre ; ce qui gâterait infailliblement vos plantes, si vous ne vous hâtiez de les changer de papier avec les mêmes attentions ; et c'est même ce qu'il faut faire de temps en temps jusqu'à ce qu'elles aient bien pris leur pli, et qu'elles soient toutes assez sèches.

Votre pile de plantes et de papiers ainsi arrangée doit être mise en presse, sans quoi les plantes se gripperaient : il y en a qui veulent être plus pressées, d'autres moins ; l'expérience vous apprendra cela, ainsi qu'à les changer de papier à propos, et aussi souvent qu'il faut, sans vous donner un travail inutile.

Enfin, quand vos plantes seront bien sèches, vous les mettrez bien proprement chacune dans une feuille de papier, les unes sur les autres, sans avoir besoin de papiers intermédiaires, et vous aurez ainsi un herbier commencé, qui s'augmentera sans cesse avec vos connaissances, et contiendra enfin l'histoire de toute la végétation du pays. Au reste, il faut toujours tenir un herbier bien serré et un peu en presse ; sans quoi les plantes, quelque sèches qu'elles fussent, attireraient l'humidité de l'air et se gripperaient encore.

NOTE.

—

Jean-Jacques, après avoir montré la nécessité
d'un herbier, après s'être élevé contre ces pré-
tendus botanistes qui ont des herbiers de huit à
dix mille plantes étrangères, et qui ne connaissent
pas celles qu'ils foulent continuellement aux
pieds, dit :

« On peut se faire un très bon herbier sans
savoir un mot de botanique; tous ceux qui se
disposent à étudier la botanique devraient commencer par là. Quand ils auraient desséché un
assez bon nombre de plantes, et qu'il ne s'agirait

plus que d'y ajouter les noms, il y a des gens qui leur rendraient ce service pour de l'argent, ou pour quelque chose d'équivalent. D'ailleurs, n'avons-nous pas dans presque toutes les villes un peu considérables des jardins botaniques, où les plantes sont disposées dans un ordre méthodique, marquées d'une étiquette sur laquelle leur nom est inscrit? Pour peu que l'on ait une idée de la méthode adoptée, et les premières notions de l'A B C de la botanique, c'est-à-dire les premiers éléments de cette science, on y trouve les plantes que l'on cherche; on les compare, on en prend les noms, et c'en est assez; l'usage fait le reste et nous rend botanistes.

« Mais ne comptez guère sur les meilleurs livres de botanique pour nommer, d'après eux, des plantes que vous ne connaîtriez pas : si ces livres ne sont pas accompagnés de bonnes figures, ils vous fatigueront sans succès; à chaque pas ils vous offriront de nouvelles difficultés et ne vous apprendront rien.

« Ne vous attendez point à conserver une plante dans tout son éclat : celles qui se dessèchent le mieux perdent encore beaucoup de leur fraîcheur. De tous les moyens employés à la dessiccation des plantes, le plus simple, celui de la pression, est le préférable pour un herbier. Les couleurs peuvent être conservées aussi bien que par la dessiccation au sable, et les plantes desséchées y sont moins volumineuses et moins fragiles....

« Ayez une bonne provision de quatre sortes de papiers : 1° du papier gris épais et peu collé ; 2° du papier gris épais et collé ; 3° du gros papier blanc sur lequel on puisse écrire, et 4° du papier blanc sur lequel vous fixerez vos plantes, lorsque la dessiccation sera complète. Lorsque vous voudrez dessécher une plante, il faut la cueillir par un beau temps, et lorsque ses fleurs seront épanouies ; laissez-la quelques heures se faner à l'air libre.... Dès que ses parties seront amollies, étendez-la avec soin sur une feuille de

papier gris de la première espèce, dont j'ai parlé;
mettez dessous cette feuille une feuille de carton,
et dessus douze à quinze doubles de papier de la
première espèce; mettez le tout entre deux ais de
bois, ou deux planches bien unies, que vous
chargerez d'abord médiocrement, et dont vous
augmenterez peu à peu la pression, à mesure que
la dessiccation s'opérera. Il est plus avantageux
de se servir de ces petites presses de brocheuses,
parce que l'on serre si peu et autant qu'on le
veut. Au bout d'une heure ou deux, serrez-la
davantage, et laissez-la ainsi vingt-quatre heures
au plus; retirez-la ensuite; changez-la de papier,
et mettez dessous une autre feuille de carton bien
sèche, ainsi que les feuilles de papier que vous
allez mettre dessus. Remettez le tout en presse;
serrez plus que la première fois; laissez ainsi deux
jours votre plante sans y toucher. Changez-la
encore une troisième fois de papier; mais prenez
du papier gris collé; serrez encore davantage la
presse, et ne mettez dessus que trois ou quatre

doubles de papier, ou seulement une feuille de carton dessus et une dessous. Laissez-la ainsi en presse deux ou trois fois vingt-quatre heures.

« Si, lorsque vous retirerez votre plante, elle ne vous paraît pas assez privée de son humidité, vous la changerez encore plusieurs fois de papier. (Il y a des plantes qu'il suffit de changer deux fois de papier, et d'autres qu'il faut changer jusqu'à six fois ; celles qui sont de nature aqueuse exigent qu'on en accélère la dessiccation.) Mais si, au contraire, les parties qui la composent ont déjà perdu de leur flexibilité, il faut la mettre dans une feuille de gros papier blanc, où on la laissera en presse jusqu'à ce que la dessiccation soit parfaitement achevée ; ce sera alors qu'il faudra songer à assurer pour longtemps la conservation de votre plante ; elle pourra être employée à la formation de votre herbier ; il ne s'agit plus que de la fixer, de la nommer et de la mettre en place....

« Pour garantir votre herbier des ravages qu'y feraient les insectes, il faut tremper le papier sur lequel vous voulez fixer vos plantes dans une forte dissolution d'alun, le faire bien sécher, et y attacher vos plantes avec de petites bandelettes de papier, que vous collerez avec de la colle à bouche. C'est avec cette colle que vous pourrez aussi assujettir les organes de la fructification des plantes, lorsque vous aurez eu la patience de les dessécher à part. »

FIN.

TABLE.

—

FIN DE LA TABLE.

Rouen. — Imp. MÉGARD et Cᵉ, rue Saint-Hilaire, 136.

www.ingramcontent.com/pod-product-compliance
Ingram Content Group UK Ltd.
Pitfield, Milton Keynes, MK11 3LW, UK
UKHW022234120726
13694UKWH00002B/832